强者心法

木沧海 编著

民主与建设出版社
· 北京 ·

© 民主与建设出版社，2025

图书在版编目（CIP）数据

强者心法 / 木沧海编著. -- 北京 ：民主与建设出
版社，2025. 1. -- ISBN 978-7-5139-4822-7

Ⅰ. B848.4-49

中国国家版本馆CIP数据核字第20242L5H96号

强者心法
QIANGZHE XINFA

编　　著	木沧海	
责任编辑	唐　睿	
装帧设计	末末美书	
出版发行	民主与建设出版社有限责任公司	
电　　话	（010）59417749　59419778	
社　　址	北京市朝阳区宏泰东街远洋万和南区伍号公馆4层	
邮　　编	100102	
印　　刷	水印书香 (唐山) 印刷有限公司	
版　　次	2025 年 1 月第 1 版	
印　　次	2025 年 4 月第 1 次印刷	
开　　本	670mm × 950mm　1/16	
印　　张	12	
字　　数	130 千字	
书　　号	ISBN 978-7-5139-4822-7	
定　　价	56.00 元	

注：如有印、装质量问题，请与出版社联系。

强大的内心是一个人持续奋进的原动力。

那些出类拔萃的强者，他们手中的秘密武器便是独特的强者心法。

所谓强者心法，就是运用正向的理念和成长型思维方式思考问题，以积极的心态挑战人生，获得成功。

回望中国悠久的历史，无数杰出人物凭借他们的智慧与勇气，编织了华夏的辉煌传奇。他们成功的背后，都蕴含着一个共同的特质，那就是用成长型思维方式思考问题——无论遇到多少艰难险阻，他们总能积极面对，勇于追求和探索未知的世界。这种特质，在历代文人墨客的笔下得到了淋漓尽致的体现。

巾帼诗人李清照以"生当作人杰，死亦为鬼雄"的壮烈诗篇，描绘了强者不屈不挠、坚韧不拔的精神风貌；诗仙李白在《将进酒》中豪迈地吟唱"天生我材必有用，千金散尽还复来"，彰显了强者的自信与豁达情怀；诗圣杜甫则在《望岳》中抒发"会当凌绝顶，一览众山小"的壮志，体现了强者那超越群山的广阔视野和博大胸襟。

成为强者并非易事，其中最大的阻碍往往是个人认知的局限。而扭转坎坷命运的途径，则在于重塑思维方式，匡正内心理念。

这本书，也许正是为你打开成功之门的金钥匙。本书分为六章，立足真实历史与民间故事，融合心理学与现代成功学的精髓，深入分析如何培养强者心态，旨在为读者铺设一条通往成功的便捷之路。

第一章主要讲述如何通过修身养性来为成功夯实基础；第二章探讨了持续学习、不断精进的重要意义，点明可以通过哪些方法实现人生目标；第三章着重讲述如何打破陈旧的思维模式，培养强者心态；第四章分析如何培养战略眼光和领导者思维，旨在提升读者的战略思维能力和领导力；第五章探讨向上借势以更快成就事业的方法，强调借助他人力量和资源的重要性；最后一章讨论了获取财富的正确途径，强调了道德、智慧在商业成功中的重要作用。

不论你的人生起点在何处，不论你的目标在何方，这本书都将为你带来如沐春风般的人生洗礼，让你能够看到前行的希望之光，激发你主动拥抱生命的活力，助你勇于攀登理想的巅峰。相信在这本书的陪伴下，你将开启一段全新的旅程，成就更加辉煌的自我。

第一章

修炼品德心性，
才能稳步前行

一 《周易》中的变通智慧：灵活变通，把握机遇的策略

《周易》是一部阐述世间万象的经书，以其对未来事物发展的深刻洞察而独具魅力。它也是一部传授灵活应变之策的宝典，蕴含着深奥的智慧。

书中有一句箴言："穷则变，变则通，通则久。是以'自天佑之，吉无不利'。"其意在于，当面临困境时，我们应学会变通，巧妙运用策略以化解难题。如此，事业与生活便能和谐美满、长久持续。深谙变通之道者，必将获得上天的庇佑，无论何处都能游刃有余。这句名言自古传诵至今，强调了变通的重要性。

在中国古代历史长河中，西汉名将韩信便深谙变通之道。他用兵灵活多变，其中"明修栈道，暗度陈仓"的故事便是他助刘邦解围、战胜项羽的范例。

《史记》记载，项羽推翻秦二世统治后，分封诸侯。刘邦被封为汉王，却因其威望过高而遭项羽忌惮，封地在偏远的汉中。为防刘邦反叛，项羽还设下重重阻碍。刘邦内心虽愤懑不平，却也不得不从。

当刘邦动身去封地的时候，张良让他将栈道走一段烧一段，直到全部烧掉，这样才能不引起项羽的怀疑。刘邦依计而行，果然使项羽放松了警惕。然而，刘邦抵达汉中后，士兵们陆续逃跑，认为他气数已尽，不值得继续跟随。这可急坏了刘邦，他寝食难安，不知如何是好。在丞相萧何的劝说下，刘邦任命韩信为大将军。

韩信上任后，迅速组织起一支训练有素的军队，并精心布局。与此同时，他命令樊哙大张旗鼓地修筑通往关中的栈道。当章邯等人得知刘邦正在修栈道准备东征时，他们并未将此事放在心上，认为修栈道的进程缓慢且士兵逃散严重，刘邦的东征计划遥不可及。然而，他们万万没有想到，刘邦的大军会突然出现在关中并迅速占领陈仓。原来，这一切都是韩信精心策划的计谋。他利用敌人的麻痹大意，通过小路奇袭陈仓，最终取得了决定性的胜利。在韩信的英明指挥下，刘邦的大军势如破竹，迅速占领了三秦地区，极大地增强了刘邦的政治势力。

韩信凭借其非凡的智慧和灵活的战术手段，不仅助刘邦成功解围，还为其日后的扩张奠定了坚实的基础。这充分证明了在困境中善于应变的重要性——能够灵活变通、勇于创新，才能化险为夷、转危为安。

灵活变通则顺利前行，固执不变则可能招致灭亡。西楚霸王项羽便是因过于刚愎自用、不擅变通，最终落入了四面楚歌的悲惨境地。

在楚汉争霸的最后阶段，汉王刘邦的力量已远超项羽。因此，在谋士的建议下，汉王决定一鼓作气击败项羽。

韩信深知项羽性格高傲，便命士兵故意说些挑衅之语以扰乱其心志。项羽果然中计，愤而出击，却不料落入了韩信的埋伏之中。经过数十日的坚守，项羽终因粮草耗尽而陷入绝境。此时，韩信已为项羽布下了天罗地网，但项羽仍执意突围。在重重围困之下，项羽只得退回垓下大营。

不久，大营的四面八方传来了楚地的歌声。这歌声勾起士兵的思乡之情，加之项羽已无路可退，楚军的士气十分低落。韩信趁机发起进攻，大败项羽。

项羽带领剩余的八百子弟意图渡过淮河向东逃窜。在冲出汉军包围后，项羽一行人抵达乌江，已仅剩数十名士兵。此时，乌江亭长驾着一叶扁舟前来迎接项羽，欲助其逃至江东重整旗鼓。然而项羽却拒绝了这一机会，固执己见，他叹息道："我当初带领八千子弟起兵，如今却无一人幸存，我哪有颜面去见江东父老！"言罢，他便自刎于乌江，结束了自己悲壮的一生。

项羽虽被誉为一代英雄，却因固执己见、拒绝变通而走向失败。他的故事成为千古遗训，提醒着后人变通的重要性。

避免硬碰硬，以智取胜

韩信在助刘邦解围、战胜项羽的过程中，展现出了卓越的变通能力。面对项羽设下的重重阻碍，韩信没有选择硬碰硬，而是采取了"明修栈道，暗度陈仓"的计策。他故意透露东征计划，让敌人放松警惕，同时却通过小路奇袭陈仓，取得了决定性的胜利。这种战略层面的变通，不仅避免了不必要的损失，还以最小的代价实现了最大的战果。相比之下，项羽在战略上显得过于刚愎自用，缺乏变通，最终惨败。

战术灵活，因势而变

在战术层面，韩信同样展现出了非凡的变通能力。他深知项羽性格高傲，便利用这一点，通过士兵的挑衅之语扰乱其心志，最终将项羽引入埋伏之中。这种灵活多变的战术手段，使得韩信在战场上无往不胜。而项羽则因为固执己见，不愿意接受新的战术和策略，在战场上屡屡受挫。他的失败，很大程度上是因为他在战术层面缺乏变通，无法适应战场的变化。

变通，人生的金钥匙

灵活变通是人生的金钥匙，帮助我们从容应对生活的每一个关卡。在楚汉相争的烽火年代，当项羽固守"破釜沉舟"的刚性法则时，刘邦却以"能屈能伸"的弹性哲学，在鸿门宴的刀光剑影中韬光养晦，在蜀道天险间积蓄力量，最终以"明修暗度"的变通之道完成绝地反击。

让我们紧握这把金钥匙，学会在生活中灵活变通，为自己的人生开辟出更加广阔的天地。

二 儒家仁爱忠恕：仁者爱人，克己复礼

在春秋百家争鸣的时代背景下，孔子以仁爱为基石，创立了儒家学派，这一学派的理念深深影响了后世几千年，成为中华文明不可或缺的思想源泉。

孔子认为，君子对待他人要充满仁爱之心，同时克制自己的言行，遵守礼仪规范。然而，人们或许会疑惑，一位恪守这些道德准则的谦谦君子，如何能够蜕变为刚毅的强者？

孔子给出了答案："知者不惑，仁者不忧，勇者不惧。"

换言之，真正的智者能够洞察秋毫，不为纷扰所困惑；真正的仁者心境豁达，不会沉溺于忧愁之中；而真正的勇者则无所畏惧，勇往直前。

尽管孔子是位卓越的思想家和教育家，但他并非空谈理论。他在传授知识的同时，更注重实践的重要性。孔子身体力行，通过日复一日的实践，不仅使自己成了一个不惑、不忧、不惧的人，更以身作则，为学生们树立了榜样。

孔子是如何践行他的强者信念的呢？他通过自身的经历，向世人阐述了成为强者的要义："好学近乎知，力行近乎仁，知耻近乎勇。"也就是说，好学的人，离智者也就不远了；无论何事都竭尽所能去做的人，离仁者也就不远了；时时刻刻把"荣辱"二字记在心上的人，离勇者也就不远了。这些看似古老的教育理念，实则是成为强者的道路，也为后世提供了宝贵的学习范例。

孔子是一个勤奋刻苦的学者。《孔子家语》记载，他曾师从鲁国著名音乐家师襄子，专心学习弹琴。很多天过去了，他仍在反复练习同一首曲子，这引起了师襄子的好奇。当被问及原因时，孔子坦言自己尚未掌握演奏的精髓。数日后，他依旧在弹奏那首曲子，对师襄子的疑问，他回应道："我还在领会曲子中的深意。"正是这种勤学苦练的精神，铸就了孔子的非凡强者实力。

在儒家思想中，强者不仅要有刚毅之勇，更要怀有仁爱之心，孔子在日常生活中身体力行，充分展示了这一点。

《论语》记载，有一次孔子家的马厩发生了火灾。他首先关心的是是否有人受伤，而非马匹的损失。这种以人为本的态度，充分展示了他的仁爱与大义，也是他能够吸引众多弟子、名扬四海的重要原因。

勇于正视并改正错误是成为强者的另一关键。孔子虽已名满天下，但仍能保持谦逊，知错即改，体现了他的谦卑与智慧。

相传，某年孔子带弟子游历至海州，海浪拍击岩石的声音被他误判为雷声，于是他虚心接受了别人的指正，更在众人面前承认了自己的错误。他以实际行动教导弟子们：做学问应秉持"三人行必有我师"的态度，不可自满自足。正是这种"不耻下问"的治学精神，使孔子的教育理念影响深远，至今仍为世人所推崇。

作为心怀仁义的强者，孔子的仁德、智慧与勇敢为后人树立了榜样与准则，也为渴望成功的人们指明了探求之路。

及时纠正错误，补齐认知短板

古人云："知错能改，善莫大焉。"然而，在日常生活中，许多人因为顾及面子，缺乏改正错误的勇气。长此以往，错误的观念将逐渐侵蚀我们的认知，进而导致决策上的失误。

人非圣贤，孰能无过？犯错并不代表个人能力不足。实际上，聪明的人更善于发现并及时改正错误，因为这一过程正是他们不断完善自我认知、弥补短板的关键。知错即改的最大益处在于能够迅速调整不当的思维方式，从而在不断的改进中实现快速成长。

不断提升自我，让学习成为日常习惯

判断一个人是否能持续进步，关键在于其是否有持之以恒的学习精神。个人实力的积累离不开日复一日的勤奋与努力。许多人往往将强者的成功归因于天赋或运气，却忽略了他们背后的勤奋学习和不懈努力。事实上，强者之所以成功，正是因为他们不断学习新知识，提升各项技能。这种积极学习的态度与成长型思维，对个人的发展大有裨益。

　　我们可以通过自学提升能力，也可通过向他人求教来弥补不足。学习方法多种多样，网络课程、实地考察和案例分析等，都是助力我们不断向前的有效工具。只要我们将学习融入日常生活，让学习成为一种习惯，那么在持续的成长中，成功自会与我们不期而遇。

三 道家无为而治：不与人争，则天下莫能与之争

老子，道家学派的创始人，在中华文化传统中占有举足轻重的地位。尽管在春秋战国时期，他的身份仅是周王室的图书管理者，但其思想深邃，吸引了诸如孔子、庄子等杰出人物的崇敬。老子虽只遗留下了一部简短的《道德经》，但这部仅五千余言的经典却流传至今，闪烁着不朽的智慧之光。

老子所倡导的"无为而治""不敢为天下先"的哲学，常被误解为消极避世。然而，这恰恰是老子以深邃智慧启示我们如何以退为进、以柔克刚的哲学。

老子的道家思想对后世产生了深远的影响。汉文帝刘恒和唐太宗李世民等杰出君王，都是道家思想的忠实拥趸，他们运用道家的智慧来治理国家，取得了显著的成效。

汉文帝刘恒是一位深受道家思想熏陶的君主，他对道家学说的热爱，很大程度上来源于其母薄姬的影响。

薄姬对黄老之术有着深刻的理解。她深知"夫唯不争，故天下莫能与之争"的哲理，在刘恒年幼被封为"代王"驻守北方时，薄姬便敏锐地察觉到了深宫之中的权力斗争。她带着儿子前往边塞，逃离了深宫的尔虞我诈。薄姬的处世哲学与《道德经》中的"天下莫柔弱于水，而攻坚强者莫之能胜"不谋而合，这种以柔克刚的智慧值得我们深思与学习。

在边塞的艰苦环境中，刘恒不仅安然度过了童年，还在母亲的影响下深入了解了黄老之道。这些"不争之智"为他日后登上皇位奠定了坚实的基础。汉文帝刘恒在继承皇位后，采纳黄老之道的治国理念，推崇"一曰慈，二曰俭，三曰不敢为天下先"的原则，使得国家得以休养生息、逐渐恢复元气。这正是老子思想在治国理政中的成功实践。

《资治通鉴》记载，曾有某位大臣向汉文帝提议建造一座露台，预计耗资百金。汉文帝听后毫不犹豫地拒绝了这一提议。他解释道："建造这样一座露台，耗费相当于十户中等家庭的家产。如今我能居住在如此宏伟的宫殿中，已然心满意足。"在汉文帝的治理下，朝廷稳定，国家安宁，百姓生活殷实富足。

汉文帝在其执政期间，不仅深刻践行了老子的思想理念，更向世人展现了中华传统文化在强者之治中的独特魅力。

唐太宗李世民，则是另一位对老子的道家思想怀有深厚热情的政治家。

李世民常以这样的教诲启迪群臣："夫治国犹如栽树，本根不摇，则枝叶茂荣。君能清净，百姓何得不安乐乎？"过去隋炀帝平定了京城，就大肆搜刮美女和宝物，把每个宫殿都塞满。这样做的结果便是民不聊生，战争爆发，最终隋炀帝也自取灭亡。他以隋炀帝的覆灭为鉴，警示自己和大臣们要远离奢靡与贪婪。

李世民不仅在国家治理上运用了黄老之术，还以"无为"理念修身养性，以"无我"之心广纳谏言，展现出了虚怀若谷、从善如流的领袖风范。

魏徵，这位助力打造"贞观之治"的功臣，以直言敢谏著称。他的直言不讳，时常令李世民感到不悦。

相传，有一次魏徵的直谏让李世民大为光火，李世民甚至不顾皇帝颜面愤而退朝。回到后宫，他怒不可遏地说："我非要杀掉这个不知好歹的乡巴佬不可！"

长孙皇后听闻后，关切地问："陛下，究竟是谁惹您如此生气？"

李世民余怒未消："还能有谁，就是那个魏徵。每次上朝，他都滔滔不绝，一点面子也不给我留。"

长孙皇后听后，却换上了盛装来向李世民道贺。

李世民讶异："这是为何？"

长孙皇后微笑解释："有正直之臣，必因君主圣明。魏徵的存在，不正是陛下贤明的证明吗？因此，我应当向您道贺。"

这番话让李世民怒火全消，他开始反思自己的行为，并深刻认识到虚心纳谏的重要性。李世民在愤怒之后能够迅速冷静下来，接受长孙皇后的劝谏，这体现了他对情绪的自我控制和顺应自然规律的态度。

真正的强者，不会计较一时的颜面，而是能够虚心纳谏，从中汲取力量，以更加明智和宽容的方式对待他人。

李世民在治理国家时，其道家的"无为而治"和"慈悲为怀"的思想贯穿始终。据《资治通鉴》记载，他曾亲自审录囚徒，见到应判死刑的囚犯，心生怜悯，便放他们回家过年，约定来年秋天再来受刑。令人惊讶的是，到了第二年，这些死囚竟然全部自发地回到了监狱，没有人逃跑或违约。唐太宗深受感动，最终赦免了他们的罪行。这一行为不仅体现了唐太宗的仁政思想，也彰显了道家思想中慈悲、宽容的一面。

打开格局，强者自强

真正的强大，并非锋芒毕露的对抗，而是以柔克刚的格局智慧。强者之所以强，在于他们能够超越眼前的局限，保持内心的定力，不受外界干扰，坚定地走自己的路。面对他人的质疑或欺辱，最明智的做法往往是不争不辩，保持自强之心，继续前行。多年后回首，那些曾令人辗转难眠的纷争，终将沉淀为格局跃迁的垫脚石。

精神不受力，以逸待劳

世间万物的发展都遵循着其固有的规律，智者能够洞察这些规律，而愚者则往往被表象所迷惑。作为普通人，我们难免会遇到许多无法完全掌控的事情。此时，我们应该学会放下不必要的执念，让精神得到真正的放松与休憩。在应对问题时，我们应选择最恰当的方式——顺其自然、随机应变，避免无谓的争斗与消耗。如此，我们才能在清静中汲取智慧的力量，听从内心的声音，在无为之中自然而然地找到前行的道路，最终收获比预期更加丰硕的成果。

四　墨家兼爱非攻：爱人如爱己，平等博爱促和谐

墨子是春秋战国时期伟大的哲学家，他提出的"兼爱非攻"的思想理念，在历史长河中熠熠生辉。

墨子是个有大志向的人，他曾说："志不强者智不达，言不信者行不果。"这句话的意思就是志向不远大、意志不坚定的人，他的智慧和能力就达不到一定的高度；说话不诚实、不守诚信的人，他的事业也不会有好结果。从这句话就可以看出墨子心中对志向的追求。那么，墨子心中的壮志和理想到底是什么呢？那就是要把"兼爱非攻"的思想广传天下。

"兼爱"理念倡导的是一种无差别的爱，提出人们应该消除你我之分，以爱自己一样的心去关爱他人。无论亲疏远近，都应一视同仁。

"非攻"则明确表达了对战争的反对立场。墨子视战争为掠夺民众利益的行径。春秋战国是一个战乱不断、欺诈横行的时代，墨子立志改变这一社会现状，兴天下之利，除天下之害，以期构建一个平等与博爱的社会。

为了实现这一愿景，墨子携手弟子们踏上了游说诸侯国的征途，衷心希望各国君王能采纳他的学说以治国理政。

然而，现实却令墨子失望。无论是钟鸣鼎食的大诸侯国，还是偏安一隅的小诸侯国，都未采纳墨子的理念。但是墨子并没有就此作罢，依然笃定前行。

《墨子》记载，某次在齐国，墨子的一位老朋友不解地问他："时下仗义行事的人日渐稀少，你又何苦执着于此呢？"墨子笑着回应："若家中有十子，仅一人耕作，其余九人皆懒散度日，那唯一的勤劳之子岂能不更加努力？如今，仗义之士难寻，我更应挺身而出，你为何还来劝阻我呢？"

墨子以行义为己任，展现出坚定的意志和不屈的游说精神。他的思想深邃，志向远大，始终以高标准要求自己，致力于维护世间的平等与博爱。即便在孤独中行走，他也始终保持着内心的专注和坚定。

正是这份博大的爱心，使得每当战争威胁来临时，墨子都会率领墨家门人四处奔走，竭力阻止战争的爆发。

《墨子》记载，有一次强大的楚国打算攻打弱小的宋国，并特地请来能工巧匠鲁班制造了先进的云梯。宋国力量薄弱，显然无法与楚国抗衡。墨子得知这一消息后，深感焦虑。尽管他身在异地，却立即派遣了三百名弟子火速前往宋国提供援助。同时，他自己也踏上了长达十天的艰难旅程，赶往楚国都城，决心阻止这场不义之战。当墨子抵达楚国时，他的鞋袜已经破烂不堪，双脚也磨出了血泡。但他全然不顾钻心的伤痛，立刻拜见楚王。

墨子对楚王说："有一个人，丢掉自己彩色的华丽服饰，而要别人破烂的粗布衣服，大王以为这样的人是什么人呢？"楚王不知墨子在暗指自己，就随口说："这个人一定是个小偷。"于是墨子便借机劝谏："楚国沃土千里，物产丰硕，可谓是锦绣河山；而宋国疆土狭小，无论什么都比不上楚国呀！楚宋对比之下，不就如同彩衣与粗布衣服吗？如果大王攻打宋国的话，一定会因为有违道义而失败啊！"

楚王听后仍然执意攻宋，他借口鲁班已造好云梯，拒绝了墨子的劝告。但墨子并未放弃，主动提出跟鲁班较量。他挑战道："鲁班的云梯并不能确保您的胜利。如若不信，您可亲眼见证我如何破解它。"说罢，墨子从容地解下腰带，将其平铺在桌上模拟城墙，与鲁班的云梯模型进行了一场模拟战斗。

鲁班展示了九种不同的攻城策略，但每一种都被墨子以其智慧化解。随着比拼的深入，鲁班用以攻城的装备、方法用尽了，而墨子的守城之法还没有用完。

鲁班知道自己今天遇到强劲的对手了，于是，他微微一笑："我知道怎么对付你了，不过我现在不想说。"墨子却平静地回应："你是想杀了我吧？但即便如此，你也赢不了这场战争。因为我已经命令我的三百弟子用墨家制造的守城器械严阵以待，协助宋军守卫城池，我的这些徒弟都学会了我的守城方法，就算现在将我杀了，楚国攻打宋国，也必定会是难上加难的。"听到这番话，楚王终于打消了攻打宋国的念头。

以热爱与专注铸就未来

墨子的思想在当时无疑是超前的，尽管在当时并未被广泛接受，但他的理念却赢得了后世的赞誉。正是热爱支撑着墨子行走万里，传播他的思想。他并未被世间的纷扰所迷惑，而是坚守自己的信仰，与理想为伴，不懈地宣扬大爱与仁义。

生命如同一支注定燃尽的蜡烛，唯有将全部光热凝聚于芯火，才能在有限时光里照彻人间。与其在彷徨中任岁月蹉跎，不如用十年如一日的专注打磨人生至宝。请将理想的根系深扎于天赋的土壤，当我们真正活成自己故事的导演，那些曾被仰望的星空，终将铺就脚下璀璨的银河。

以爱待人，收获真诚回馈

爱，是一种深沉而强大的力量，它能创造出无数奇迹。然而，在忙碌的工作与生活中，当挑战来临，许多人往往会选择以敌对或怨恨的心态去应对。但这种做法无助于改善现状，反而可能使情况进一步恶化。如果我们能转变思维方式，用爱去化解面临的困境，那么我们的身心将获得一股积极的力量，引领我们采取明智而有力的行动。这将帮助我们重新找回希望，并获得丰厚的回馈。因此，爱不仅仅是一种情感，更是一种强大的工具，让我们用以待人处世，从而扭转不利的局面。

五 法家君权法治：以法治天下，社会自有序

　　春秋战国烽烟四起，当儒家还在周游列国宣讲"仁政"之际，法家已经产生了冷峻的法治思维，以雷霆手段颠覆了"刑不上大夫"的礼制传统。而法家的代表人物，非韩非子莫属。

　　韩非子是法家思想集大成者，坚信法治才是天下大治的根本。他主张国家必须严谨制定并有力实施法律，让遵守法律的意识深入人心，从而使社会自然而然地步入安定与有序。

　　韩非子认为，只有以法治国，国家才能强盛。这也是他一生坚持的信念。他怀揣着在韩国施展抱负的雄心，即使面临重重困难，也屡次向君王进谏。尽管每次都被拒之门外，但他从未放弃。"自胜者强"，这是他的座右铭，也是他勇往直前的动力。

　　韩非子在他的著作《韩非子·喻老》中，借用了孔子两位杰出

弟子——子夏与曾子的故事，来阐述一个深刻的哲理。故事中，某日子夏偶遇曾子，曾子惊讶于子夏体态的变化，询问缘由。子夏笑称："因为我内心的斗争已经结束，我战胜了自我，所以我胖了。"原来，子夏之前在学习先王之道时充满敬仰，但出门看到世间的荣华富贵又会心生羡慕，两种思想在心中交织斗争。如今，他终于坚定了对先王之道的信仰，心境自然宽广，人也变得"心宽体胖"。

韩非子借这个故事告诉我们，树立志向并不易，坚定信念更难能可贵。真正的挑战并不在于战胜他人，而在于战胜自己的内心。这也是韩非子一生坚持的信念。

韩非子不仅是一位才华横溢的思想家，更是一位爱国者。他多次向韩王安进谏，为韩国的繁荣富强出谋划策。然而，他的建议总是被君王置若罔闻。在失望与苦闷中，他开始将自己的思想付诸笔墨，创作了大量著作。机缘巧合之下，这些书籍被李斯呈献给了秦王嬴政。嬴政阅读后大为赞赏，觉得这些文字深得己心。

于是嬴政好奇地问李斯："这些精妙的文章究竟出自何人之手？"李斯回答道："是韩非子所著。"嬴政随即让李斯详细介绍韩非子的情况。当得知韩非子是李斯的同窗，且才华出众时，嬴政对这位法家学者产生了浓厚的兴趣。他了解到韩非子主张以法治国，其学术思想涵盖了法、术、势三大方面，不禁对韩非子更加钦佩。嬴政认为韩非子正是他梦寐以求的人才，于是命李斯不惜一切代价将韩非子请到秦国来，并承诺无论韩非子提出什么条件都会尽力满足。

李斯到了韩国，向韩非子提出了秦王的邀请。韩非子是韩国的贵公子，性情孤傲。在交谈中，李斯得知韩非子屡次向韩王谏言未果，便说道："何不随我前往秦国，秦王十分佩服你的才华，去了秦国肯定会受到重用，到时你的才华和抱负也能得以施展呀。"

然而，韩非子却拒绝了："感谢你的好意，我深爱着我的国都，不能随你去秦国。"

李斯无功而返，向秦王嬴政汇报了情况。嬴政对韩非子的忠诚和品格表示由衷的敬佩，更加坚信他是一个难能可贵的可用之人。嬴政说："既然请不动他，那我们就攻打韩国。我急需这样的人才。"李斯觉得动用武力并不妥当，但秦王却下定了决心，命令李斯准备攻打韩国。

秦王之所以如此渴求韩非子，主要是因为韩非子的学说与秦王的政治抱负相契合，都强调法治和中央集权。韩非子的才华和影响力不容忽视，秦王可能认为，灭掉韩国后，可以更容易让韩非子为秦国所用，或者至少削弱他在其他国家的影响力。

韩非子得知秦军前来攻打的消息，内心五味杂陈。虽然心有遗憾，但他仍感激秦王的知遇之恩，随秦军而去。

在秦国，韩非子详细地为秦王讲解了法家的法、术、势理念，并致力于著述，为秦王贡献了丰富的治国理论。

韩非子与秦始皇的故事也揭示了一个道理：强者之间总是相互吸引的。韩非子的法家学说旨在强国，"奉法者强则国强"；而他的修身学说则旨在强人，"恃人不如自恃也"。无论是治国还是做人，韩非子的思想在现代社会仍具有不可忽视的影响力。

当这些经典名言穿越千年仍熠熠生辉时，我们不禁要问："自胜者强"这句箴言，是否也能激励我们披荆斩棘，迈向成功之路呢？

遵循规矩，易得成功

这个世界上没有从天而降的成功，要想成功，便要遵循"规矩"二字。有规矩才能成方圆，这也是法家思想的根本。韩非子在劝谏失败时，并没有放弃原则，还是坚守立场，这让他保有了自己的尊严，更激起了秦王"志在必得"的求贤之心。

对于现代人来说，无论在职场还是生活中，遵循规矩，坚守自己的原则与底线都是至关重要的。它能帮助我们在复杂多变的环境中保持清醒，不随波逐流，为我们提供明确的方向和界限，减少盲目性和冲突，使我们能够更专注、更有效地追求目标。同时，坚守规矩也体现了我们的责任感和自律性，这些品质是赢得他人信任和尊重的关键，能够为成功铺平道路。

忠诚守信，福气自来

忠诚守信是一个人难能可贵的品质修养。忠诚，就是指真心诚意，无二心；笃信就是指要做一个诚实守信的人，不出尔反尔。除了出众的才学，韩非子正是凭借他的高贵品质，让秦王刮目相看。

为何如此强调忠诚守信的重要性呢？因为，一个忠诚守信的人更易赢得他人的好感与信任。随着时间的推移，双方在相互了解中见证彼此的人品，进而形成合作共赢的良好关系。当我们能够赢得越来越多人的尊重与信任时，好运自然会降临到我们身边。

六 心学知行合一：将知识转化为行动的力量

王阳明，这位在中国历史上独树一帜的哲学家，创立的心学自明朝以来一直流传至今。其中，"知行合一"的理念尤为引人注目。他阐明"知者行之始，行者知之成"，并强调知识与行动的紧密相连，认为真切的知识源于实践，而明智的行动又体现了真正的理解。在王阳明看来，真知是帮助人们突破限制、走向成功的关键。因此，在王阳明的思想体系中，虽然理解圣贤的智慧十分重要，但将其付诸实践则更为关键。要想实现自己的远大志向，就要有有效的实施策略。

《明史》记载，在王阳明担任御史并奉命巡抚江西南部时，他面临了一个巨大的挑战：江西匪患猖獗，朝廷命他负责剿匪。这一重任通常落在武将身上，而非文臣，这让许多朝臣为王阳明感到担忧。他们不禁质疑：文臣剿匪怎么剿，难道让他跟土匪们讲圣贤书上的大道理吗？那自然是行不通的。

王阳明深知，土匪不会跟你讲道理，而自己又没有带兵打仗的经验。在文武之道皆难施展的情况下，他该如何应对？

随着土匪势力范围的扩大，王阳明深思熟虑后找到了解决之道：既然土匪缺乏谋略，他可以运用智慧与策略来弥补武力的不足，从而取得胜利。

在到达江西后，王阳明并没有急于出兵剿匪。他首先研究了之前的剿匪记录，发现明军在行动中经常扑空或被土匪埋伏，这显示出土匪对明军的行动了如指掌，很可能是因为明军中有土匪的内线。

据说，为了找出这些内奸，王阳明精心设计了一个虚假的剿匪计划，并密切监视以识别哪些官兵在暗中泄露情报。当这些叛徒的身份被揭穿后，他并未立即施以惩罚，而是采取了警告的策略：若继续为土匪效力，必严惩不贷，斩首示众；但若转而为朝廷效力，则既往不咎，并在事成之后论功行赏。他巧妙地运用了这种恩威并重的手段，成功地将这些卧底转化为双面间谍，为明军提供了宝贵的土匪情报。

之后，王阳明创建了自己的精悍军队，并且采取了各个击破的策略来对付土匪。为了进一步确保剿匪的成功，王阳明还在民间建立了反间谍的保安机构，并且实施了"十家牌法"来确保社会民生平稳过渡，加强民众教化。

最终王阳明的剿匪行动大获成功，拿下多处土匪据点，平定了江西匪乱。

此次事件深刻体现了将知识有效转化为实际行动的重要性。传统观念常将读书与实践视为两个独立的领域，然而，真正的才智却在于如何将这两者完美结合。单纯的知识积累或实践经验，都不足以支撑我们走向卓越。唯有将知识与行动紧密结合，才能在实践中为知识注入活力，在反思与提升中雕琢自我，最终达成我们的理想与愿景。

　　显然，只有将所学知识有效地应用在实践中，才能让抽象的知识转化为实用的智慧。过去常有人宣扬"万般皆下品，唯有读书高"，又或是"读万卷书不如行万里路"，这些观点都略显偏颇，因为它们都忽略了知识与实践之间的紧密联系。即便某人饱读诗书，若不能将所学融入实践，其行动仍将缺乏智慧与力量。要实现远大志向，就需在实践中不断思考，以知行合一的理念指导行动，不断反思、调整和提升，从而高效地实现我们的目标与愿景。

　　王阳明成功地将知与行融为一体，达到了许多知识分子难以企及的高度。他让众多读书人领悟到实践的真谛：无法指导行动的知识是空洞的，唯有在实践中得到验证的知识才具有真正的价值。

　　徐阶是王阳明的再传弟子，他不仅在学术上深得王阳明思想的精髓，更在政治实践中灵活运用，展现了非凡的智慧与毅力。在铲除权倾一时的大奸臣严嵩的艰巨任务中，徐阶以王阳明"知行合一"与"致良知"的理念为基石，精心布局，步步为营。

　　他深知，面对势力庞大的严嵩集团，单凭一腔热血或直接的对抗难以奏效。因此，徐阶采取了隐忍与智慧并重的策略。他忍辱负重，表面上对严嵩表现出一定程度的顺从，以减轻对方的戒备心，逐渐赢得了严嵩的信任。由于严嵩的贪污腐败和结党营私，皇帝已对他心生不满。徐阶抓住了这一契机，在皇帝面前展现出勤勉廉政的形象，始终保持对皇帝恭敬的态度。随着时间的推移，皇帝对徐阶的倚重逐渐超过了严嵩。

同时，徐阶在暗中指使御史对严嵩之子严世蕃的贪污违法行为进行弹劾，并指控严嵩结党营私。皇帝在审阅弹劾奏章后，向徐阶征询意见。徐阶趁机指出严嵩父子恶行累累，必须立即予以严惩。皇帝听后，立即下令严嵩退休回乡，而将严世蕃发配至偏远的雷州半岛。故事并未就此结束。徐阶的目的是彻底摧毁严嵩的势力，因此他必须保持警惕，以防严嵩东山再起。在严嵩回到老家后，徐阶依然保持书信联系，表达关切之情。他深知严嵩仍在贿赂皇帝身边的亲信，且在朝中安插了众多眼线，稍有不慎就可能功亏一篑。

经过漫长的筹谋与等待，徐阶终于等来了机会。严世蕃在前往雷州半岛的途中私自逃回原籍，他在乡间肆意妄为，甚至与倭寇勾结。南京御史将严嵩父子的罪行一一上奏皇帝。皇帝震怒之下，下令将严世蕃斩首示众，严嵩及其孙子则被贬为平民。至此，徐阶成功铲除了大奸臣严嵩的势力。

面对权势滔天的对手，徐阶始终小心翼翼、谨言慎行。他凭借深厚的学识指导自己的行动，并在实践中不断积累经验、调整策略。正是这种以知促行的果敢行动力，助力徐阶逐步实现目标，将铲除奸臣这一艰巨任务化繁为简，最终取得成功。

一句"知行合一"胜过万语千言，知道也要做到，要做就做最好。知与行是相辅相成的，若要知识变成生产力，我们就要勇于实践。如果没有行动的加持，那么，再专业的论述都不堪现实一击。能够从书本迈向人生，才是走向成功的前提。

做中求真，积累成功经验

职场中的很多年轻人不免被夸夸其谈所迷惑，误以为懂得很多知识就能直接转化为成绩。然而缺乏实际行动的人往往无法实现成功，成功是需要脚踏实地、一步一个台阶地迎难而上的。无论是生活还是学习，把精力集中在实际行动上，专注于做事的过程与结果，才是明智之举。再华丽的言辞也无法让种子自行开花结果，唯有依靠勤劳的双手、不懈的努力和辛勤的汗水，才能收获丰硕的果实。因此，我们应当不断提升自身的行动力，使所学知识成为我们前进道路上的坚实支撑，同时在不断的行动中拓宽自己的视野和丰富个人经验。当我们能够做到知行合一，便已经踏上了成功之路。

敢于行动，不惧实践中的困难

真正的成长，始于书本之外的战场。知识若止步于脑海，终是镜花水月；唯有投身实践，方能将理论锻造成破浪的舟楫。然而现实的浪潮总比想象中湍急——那些看似周全的计划可能在第一道暗礁前搁浅，精心设计的方案或许在落地时暴露出未曾预见的裂隙。这并非行动的失败，恰是实践最珍贵的馈赠：它像一位严苛的导师，用试错的代价教会我们重新审视认知的边界。

　　实践的本质，是从"应该如此"到"何以至此"的追问。它要求我们放下对完美方案的执念，转而拥抱动态调整的智慧。每一次跌倒都是对认知的校准，每一道伤疤都沉淀为经验的年轮。那些曾被视作绊脚石的阻碍，经过智慧的打磨，终将成为攀登的阶梯。

第二章

持之以恒，
锐意进取方可成功

心中有信仰，成功有希望

勾践：卧薪尝胆，铸就逆袭传奇

设想一下，当一个人正处于职业生涯的巅峰时刻，却突然遭遇挫折，从高处跌落时，他该如何应对呢？人生的道路充满了起伏，不可能总是顺风顺水。然而，即便在失败之后，如果一个人依然坚守信念，勇于正视突如其来的磨难，那么他就有机会重新崛起。

那么，一个真正的强者所持的信念究竟是什么呢？那便是坚信成功终将属于自己。

在春秋战国时期，有这样一位怀抱坚定信念，能够将失败转化为胜利的人物，他便是历史上赫赫有名的逆袭者——勾践。

《史记》记载，越王勾践即位之际，吴王阖闾抓住了越国新君主登基、国家尚处于丧礼之中的时机，秘密发兵攻击越国。两国因此爆发了一场决定生死的激烈战斗。最终，吴王阖闾战败，并且身受重伤，返回国都后不久便辞世了。在临终之际，阖闾对他的儿子夫差嘱咐道："千万不能忘记越国，你一定要为我报仇啊！"从此，夫差的心中便种下了仇恨的种子，并且命令伍子胥开始加强军队训练，发誓一定要为父亲报仇。

就这样，三年过去了。在这三年间，夫差始终不忘为父报仇的誓言，他的内心充满了对胜利的渴望。同时，他的军队也在不懈地训练与筹备，为即将到来的战斗做好了一切准备。

而越国这边，勾践认为吴国国力尚未恢复，想要主动攻打吴国。大臣范蠡听闻吴王夫差已默默磨砺军队三年，心中忧虑，遂向勾践进言，劝其勿轻举妄动，应以守为攻，静待时机。然而，勾践并未被范蠡的忠告所动，他决心已定，率领大军直逼吴国。

遗憾的是，勾践的决策并未带来预期的胜利。面对准备充分的吴王夫差及其军队，勾践的部队遭遇了惨败。当战败的残酷现实摆在眼前，勾践才恍然大悟，但此时已悔之晚矣。他的身边，只剩下五千名伤痕累累、士气低落的士兵。

此时的勾践从三年前的巅峰跌落而下，成了战败者，他除了后悔不听范蠡谏言外，更多的是思虑要如何面对这样可能没办法翻身的败局。此时的勾践变得理性起来，他向范蠡求助，范蠡建议他求和，向吴王夫差称臣。勾践答应了，并派大臣文种前往。

到达吴国后，大夫文种向吴王夫差表示越王愿意向吴国称臣，还求吴王从越国撤兵。夫差本来准备答应勾践的请求，但是伍子胥不答应。文种只好无功而返。

面对这样的结果，勾践一直在寻找解决的办法，这个昔日的强者如今几乎落魄成阶下囚，但他并没有就此认命。文种大夫提议请吴国的大臣伯嚭为越王勾践说好话，伯嚭是吴国夫差的近臣，请他出马应该会有用。勾践同意了文种的建议，并派遣文种为伯嚭带去了很多贵重的礼物。经过大夫文种的周旋，伯嚭答应为勾践说情。

功夫不负有心人，伯嚭在吴王夫差面前说起越国的事情，希望吴王赦免越王勾践，吴王夫差听从了伯嚭的请求，并从越国撤军。

得知自己得以存活的消息后，越王勾践的心情只有自己明白，其中的痛楚无人知晓。也许就在千余年前那个夜晚，勾践得到夫差赦免后，这个败军之将就明白了他一定要反败为胜，一雪前耻。

一个人失败了不可怕，可怕的是他失去了心中的信仰。只要相信自己能够成功，就能拥有夺胜的希望。勾践便是这样一个将信仰刻进骨子里的人。

夫差虽然赦免了勾践，但是却要求他亲自在吴国当人质。于是，勾践带着妻子和范蠡来到了吴国。勾践和他的妻子就住在阖闾坟墓旁边的房子里，勾践做夫差的马夫，范蠡做奴仆。直到夫差看到勾践已经顺服自己，才放他们回越国。

勾践回国后，为了激励自己一雪前耻，便在屋子里吊了一颗苦胆，每天吃饭的时候就尝一口苦胆，用来提醒自己不忘前耻。为了让自己不忘心中必胜的信仰，勾践干脆就睡在柴草上。这就是著名的"卧薪尝胆"。

勾践亲自率领越国的老百姓播种耕田，而他的妻子带领妇女们纺线织布。他们与老百姓一起重建国家，立志同仇敌忾战胜吴国。除了恢复民生，勾践还不断地强化训练军队，使军队的战斗力迅速提升。当勾践带领越国实现了国富兵强的时候，勾践攻打吴国的机会终于来了。

越国抓住了吴王到北部的黄池去会合诸侯、国内留守兵力薄弱的良机，一举攻下了吴国，俘虏其太子和重臣。接着，勾践通过释放吴国太子、签订和约、推行改革、发展经济、礼贤下士等一系列措施，不断巩固胜利成果并增强国力。最终，越军彻底击溃吴国主力，迫使吴国投降，勾践成为南方霸主。

就这样，一国君主勾践，坚忍数十载，不忘心中信仰，终名垂青史。可见，信仰是人的主心骨，当困难来临之际，信仰可以帮助我们抵御软弱、迷茫和痛苦，直至看到光明和希望。

相信自己的信仰，不做头脑的奴隶

勾践在国破家亡的绝境中，凭借对复国信念的坚定不移，甘愿忍受屈辱，通过睡草席、尝苦胆的方式不断自我激励，保持了对目标的清醒认识和持续努力。这一过程不仅是对个人信仰的坚守，也是对自身情绪、欲望等心理因素的理性驾驭，展现了不做头脑奴隶的智慧与勇气。在现实生活中，我们会遇到各种诱惑和困难，面对挑战时，我们要坚守自己的信仰和价值观；在纷繁复杂的信息世界中，保持独立思考和理性判断的能力。只有这样，我们才能在人生的道路上走得更加坚定和自信。

配得感助人走出逆境

配得感是指个人内心深处坚信自己应该或能够得到某些积极事物的信念。将挫折视为上天对我们的惩罚，甚至是一种戏弄，我们便难以跨越思维的障碍，难以突破困境的束缚。然而，如果我们拥有坚定的信念，相信终将成功，那么心态的转变将引导我们愈挫愈勇，直至走出逆境，迎来柳暗花明的时刻。因此，当挫折降临，请不要沉溺于自怨自艾，请坚信自己终能成功，并采取合理有效的方法，继续前行，勇敢面对未来。

二

坚持好习惯，滴水能穿石

吕蒙：孙权劝学，成就骁勇虎将

真正拉开人与人差距的，是那些日复一日坚持的习惯。终身学习就像为大脑安装自动升级系统——它不会让你瞬间脱胎换骨，却能在一段时间后让你站在完全不同的认知高度。

三国时期的吴国大将吕蒙，从最初的目不识丁到后来的满腹才学，正是他坚持学习、不懈努力的结果。吕蒙的好学精神，成就了"士别三日，当刮目相看"这一美谈，并流传至今。

吕蒙很小的时候父亲就去世了，家里极为贫困，他只能依附着姐夫生活。因为家境贫困，他没钱读书。长大之后，吕蒙当就去当兵了，而且当的还是勤杂兵，因为吕蒙的家人希望他不要参与战斗厮杀。但是吕蒙不顾家人劝阻，偏要加入军队作战。他对母亲说，只有参加真正的战斗，才能立下军功改变身在底层的命运。面对儿子的执着，吕蒙的母亲也就不再强求了。

吕蒙是一个聪慧善思的人，他凭借着过人的智慧和勇气，屡立军功，得到了多次嘉奖。但是因为吕蒙学识浅薄，经常被人看不起。其实，从他和母亲的谈话中就能看出，吕蒙是个有勇有谋的人。他能看清如何改变自己的命运，而且有改变的行动力和才能。所以，在赤壁之战以后，孙权见吕蒙能征善战，便心生赏识，有心培养他。

《资治通鉴》中记载了这样一则故事。孙权提拔吕蒙后说道："你现在担负当权管事的重任，以后一定要多学些知识才行啊！"

可是吕蒙说："每天军中的事务就已经很繁忙了，我哪还有时间读书啊！"

孙权便劝导吕蒙："我又不是让你钻研经书，是让你把书本粗读一遍就可以了。你说你没时间，难道你比我还忙不成？"

吕蒙听后，不再言语，觉得孙权说得很有道理。孙权继续说道："我少年时就读过《诗》《书》《礼记》《左传》，读书对于做事大有益处。现在我掌握了军国大事，开始读诸子百家，感到用处极大。"吕蒙听罢，便问孙权自己读什么书比较好，孙权说："你天资聪慧，可以读《孙子兵法》、《六韬》、《左传》和《国语》。"于是，吕蒙开始勤奋学习，在处理军务之余刻苦读书，不多久就通晓了很多学问。

即使开卷有益，进步不少，吕蒙也不骄傲。吕蒙不仅养成了坚持读书的好习惯，而且对待学习极为认真。他细读兵书，钻研战术；浏览诗词史书，拓宽视野。吕蒙对读书的热爱，到了废寝忘食的地步，久而久之，他的学识大增，再也没人说他是粗人了。

吕蒙的坚持与勤奋不仅体现在学习上，更体现在他的实际行动中。他将所学知识运用于带兵打仗之中，最终成为文武兼备的骁勇之将。当鲁肃再次见到吕蒙时，发现与吕蒙辩论竟不能胜他，对其学识大为惊讶，称赞道："我以为你只是一名武将，没想到你是有真学识的！真是士别三日，当刮目相看。"

就连孙权都连连感慨："像吕蒙这样的人，谦卑虚心，喜欢学习却轻视钱财，可真是国家的栋梁之材啊！"

从肚子里没有墨水的一介武夫，跨越成为满腹经纶的文化人，吕蒙靠的不仅仅是天赋，更是持之以恒的学习精神。一路走来，是读书让他的思想之翼更为丰满，从而得到了孙权的重用、同僚的钦佩。如果他居功自满，不知进取，恐怕难有机会步步高升。

终身学习，养成成长型思维

坚持终身学习，是成为强者必备的素养。因为持续性学习是成长型思维成熟发展的最佳食粮。虽说部分强者自有其先天禀赋，但绝对没有后天懈怠学习的成功人士。因为成功并非一蹴而就之事。漫长的积累，长期的沉淀，而后才有厚积薄发的时刻。

所以，我们要如吕蒙一样重视学习的力量，把坚持学习当成终身习惯来养成。我们的学习资源可以来自书本，也可以从实践中来，还可以从他人的经验传授中来。养成终身学习的习惯，认知的边界才会被持续打破。

把坚持镌刻在人生之扉页

如果你想做一件事，但是做了一次没有成功，你会放弃还是继续？很多人在一次试错后，就丧失了前行的信心。而自强者则会选择咬定青山不放松，拍拍尘土继续奋进。

很多时候，人们陷入泛滥的强者成功经验中难以自拔，却忽视了每个强者都具备的一个品质，那就是坚持。真正的坚持，是在认清现实残酷后依然保持进击姿态。它不需要悲壮的自我感动，而是要通过努力提升成功的可能性，同时，要清醒地认识到——失败只是过程，从来不是结局。

三 善于学习，知识是成功的阶梯

后赵明帝石勒：知学好问的乱世霸主

在南北朝时期的中国，出现了一位出身平凡却成就非凡的开国皇帝。他就是后赵明帝石勒。尽管石勒出身低微，却对学习充满渴望，他将知识转化为强大的力量，最终成为一位雄霸一方的帝王。

石勒并非汉族人，而是羯族人。他自幼未曾接受过正规教育，按照现代的说法，他几乎是个文盲。石勒的童年在洛阳度过，以贩卖货物为生。不幸的是，洛阳地区遭遇了严重的饥荒，石勒在逃荒过程中与家人失散。当时并州刺史司马腾正在贩卖羯人为奴隶，石勒就这样被卖到了山东，成了一位地主的奴隶。

在历经数年的奴役生涯后，石勒终于挣脱了束缚，恢复了自由之身。这段经历让他深刻体会到了苦难与屈辱的滋味，他发誓再也不让这样的日子重演。经过一番深思熟虑，石勒决定联合一群同样渴望自由的流民，共同举起义旗，并选择了投靠匈奴的领袖刘渊。令人惊讶的是，石勒在军队中迅速崭露头角，凭借过人的胆识和勇气多次立下战功，而刘渊也公正无私，总是根据功劳来给予奖赏。因此，石勒的官职不断晋升，地位日益显赫。

然而，当石勒真正掌握大权时，他逐渐意识到，仅凭个人的勇猛和力量是无法长久维持统治的。他深知，知识和智慧才是支撑一个领导者走向成功的关键。于是，石勒决定虚心向学，聘请了当时著名的学者作为自己的老师。

为了吸引更多的汉族读书人加入自己的阵营，石勒特意创建了一个名为"君子营"的组织。他希望通过这个组织，为那些因战乱而流离失所的读书人提供一个安全的避风港，让他们能够在这里安心地读书、研究学问。同时，石勒也邀请这些读书人教授自己的部下和子弟们读书识字、礼仪规范等知识，以期望能够培养出更多有才有德的人才来辅佐自己治理国家。

令人钦佩的是，石勒虽非汉人，从小没有什么读书的机会，却能做到尊师重教，这在中国历史上都是值得称颂的美德。也正是因为他从大字不识的武夫，努力转变为惜才重学的将领，他的人生之路才能峰回路转。

在和这些汉族读书人相处期间，石勒总让人给他读历史。知史可以明事理，知史能够观人心。石勒在一本本史册中了解了很多过去的人、事、物。《世说新语》记载，一次石勒正听人读《汉书》，听到郦食其劝谏汉高祖学着周王朝分封六国的故事，他惊愕不已，忙着说万万不可，后来听到张良阻止了这件事，才吁了口气定下心来。自此石勒自比汉高祖刘邦，他明白自己需要的就是张良这样的谋臣。

他的谋臣就是张宾。张宾是毛遂自荐来找石勒的，因为他笃定石勒是可以成就大事的一代雄主。可是起初，石勒并不看好张宾，还是在接触之中才慢慢发现了此人的才华和禀赋。于是，石勒命张宾作为军师辅佐自己，并拜张宾为右侯。

在之后的南征北战中，张宾一直在为石勒出谋划策，石勒则是择善而从，虚心纳谏。在张宾的帮助下，石勒的宏图伟业终得实现。他成功建立了赵国，称霸一方。

在建立帝国后，石勒从征战猛士蜕变成了治国贤君。他喜欢在过去的历史中吸取教训和经验，在治理国家上绝对不轻率行事。他深知教育的重要性，因此建立学校，兴办教育，对待读书人礼遇有加。石勒还会定期到国家创办的学校视察，命人选拔优秀的人才为国所用。后来，赵国学习风气浓郁，老百姓都重礼知义，社会因此安定，国家也得以大治。

石勒不仅关心读书人的生活，更关怀他们的身体健康，尤其是对右侯张宾。石勒当上赵王之后，张宾突然得了重病，石勒紧张万分，请了好多大夫为其诊治，可都没有任何好转。这时的石勒知道张宾已经回天乏术了，便呆呆地坐在爱臣身边，一声不吭。石勒知道，他之所以有今天的成就，大多依靠的是张宾的才智。让他惆怅的是，如果张宾走了，自己统一天下的梦想又能和谁并肩完成呢？

然而，石勒并未因此消沉。在张宾去世后，石勒广纳人才，最后任命博学多才的徐光总理朝政，继续未完成的事业。

石勒的一生，虽然出身贫苦，目不识丁，但是他懂得知识的重要性。即使军旅生涯再苦，他也会主动拜师求教。不仅如此，他还喜爱为自己招揽人才，礼贤下士。可见，知识是通向成功的直通车，拥有求知心态，则是拥抱成功的原动力。

成功路迢迢，或许我们可以从培养对学习的热爱开始，以知识开阔视野，丰富内涵，让知识成为撬动辉煌成就的最佳支点。

读书，从利用碎片化的时间开始

知识可以改变命运是耳熟能详的道理，石勒能得天下，不在于他的幸运，而在于他不论自己身居何位、身处何方，都能保持求学若渴的状态。他利用闲暇时间听人读历史，这种对知识的渴求和珍惜，是身处快节奏时代的我们应当借鉴的。

工作之余，我们可以充分利用碎片化的时间学习。通过看书、听书、浏览新闻资讯等方式提升自我，丰富见闻。通过这样的方式，我们不仅能够拓宽视野，更能不断地丰富自己的内心世界，提升个人的综合素质与见解深度。这样的学习习惯，将使我们的生活更加充实而有意义，引领我们走向一个更加广阔的人生舞台。

学习知识要能学以致用

石勒虽出身低微，几近文盲，但他深知知识的力量，并不仅仅满足于书本上的积累。在历经苦难与磨砺后，他将所学应用于实践，把知识作为指引自己人生道路的明灯。他虚心向学，聘请名师，创建"君子营"，不仅为自己，更为麾下的将士和子弟提供了学习的机会，将知识转化为治理国家和统一天下的智慧。

学习知识的终极目标在于实践应用，而非仅仅将其作为知识储备以显示学识。若缺乏将知识应用于实践的决心，那么学习的价值便仅停留于书本表面，所学再多也无法与我们的命运紧密相连。唯有当我们有意识地运用知识来指引人生道路时，学习方能显现出真正的意义。

四 内观自己，提升不足之处

王羲之：千古"书圣"，源自点滴进步

一个人除了努力勤奋之外，还应如何日益精进，达到自己的理想目标呢？

内观自己，是帮助自我进步，达到心中理想的不二法门。在内观的过程中，优点和缺点都会清晰浮现。这个时候就可以进一步拔高优点，发现并改正缺点，最终达到较为完满的个人境界。

其实内观的过程也是自我重塑的过程，如果一个人既勤奋努力，又懂得内观自我，那离成功就不远了。

东晋时期的杰出书法家王羲之，正是通过内观与反思的修炼，最终赢得"书圣"的美誉。

王羲之自幼酷爱书法，经常勤加练习，并将书写出优美的字迹作

为毕生追求。在书法练习中，他不满足于现状，总是思索着如何进一步提升自己的技艺。王羲之的父亲曾告诫他："书法的精进非一朝一夕之功，它需要不懈地坚持与努力，正如滴水穿石，非一日之功。"王羲之深感父亲的教诲，于是投入了更多的时间和精力。

为了方便清洗砚台，王羲之就在家中一个小池子边练习书法，每次书写完毕，就顺势在小池子里洗砚台。时间一长，池水连同小池子的四壁都变成了黑色。这正是王羲之勤奋不辍、持之以恒的见证。他之所以能赢得"书圣"的美誉，正是源于这无数次的练习。

王羲之不仅勤勉练习，而且还是个深思熟虑、不断求新的有心人。他的笔触充满匠心，总是潜心研究每个笔画的运笔技巧。无论字体难易，他都会不厌其烦地反复练习。为了练就卓越的书法技艺，王羲之谦虚地学习，以不懈的进取精神，通过内省不断弥补自身的不足。尽管他独立练习，却从不故步自封。他虚心向张芝学习草书，向钟繇学习隶书，这两位都是当时杰出的书法家，他们的建议对王羲之影响深远。

尽管王羲之勤奋不懈，也乐于向他人求教，但经过数年的书法练习，他仍未形成自己独特的书法风格。这让他开始进行自我反思：这么多年自己勤勤恳恳，也拜了很多老师，却始终停留在追求书写技巧的层面，忽视了创新精神，未曾尝试发掘自己书法的特色，更不用说创立自己的书法流派了。

王羲之感到，或许现在是时候改变了。于是他开始观察自己临摹过的碑帖字迹，吸取百家之长，再融入自己的想法与见解，而后将之前学习过的各种笔法融会贯通，并独创一体，最终形成了王羲之独有的书法特色，被后世誉为"飘若浮云，矫若惊龙"。

"书圣"王羲之在书法路上的成就得来不易。虽然天赋可以为人们指明道路，但路途中的每一步都需要种种品质点滴铸就，比如，个人的勤奋和努力，以及及时的内观与反思。因为，前者会让我们脚踏实地，后者会让我们看清现状，反思不足，找到持续进步的良性循环之路。

内观自己，学会重塑自我

在忙碌的工作学习中，人们往往习惯于向外寻求帮助和资源。可是如果外界资源有限，内观自己就显得很重要了。因为内观的过程能启发我们重塑自我，重新看待世界，进而向好的方向发展。

如果我们能够静下心来审视自身的优势与不足，并以积极的态度不断调试自我，就如王羲之最终写出独具自我特色的字体一样，我们也能亮出生命的独特底色，走出独具特色的人生道路。

时机来临，敢于创新

勤奋无疑是一种值得赞扬的品质，但如果只是盲目地勤奋，不考虑时机，不寻求创新，那么勤奋就难以帮助我们发掘生命的深层价值。假设王羲之不懂创新，而是继续固执地埋头苦练，追求他所理解的"完美"，那么我们今天可能就无法欣赏到王羲之那令人赞叹的书法艺术了。

这说明，勤奋是实现目标不可或缺的重要品质，但当机会来临时，懂得适时调整方向同样至关重要。当我们勇于接受改变，能够根据自身的能力，创造性地进行调整时，我们的人生画卷也将增添一笔明亮的色彩。

五　抵御诱惑，明晰人生目标

范仲淹：划粥而食，终成名臣典范

人生本质上由无数选择构成，当我们缺乏清晰的人生目标时，外界诱惑就更容易攻占我们的内心。那些最终突破命运桎梏的人，往往在至暗时刻握紧了两件武器：对抗诱惑的断舍离，以及明确的使命感。当一个人清楚地知道"为何而活"时，眼前的纷扰便显得微不足道了。

北宋著名宰相范仲淹就是内心目标清晰明确的人。他的人生阅历，能够激励很多出身苦寒的人发奋振作。

范仲淹在两岁的时候父亲就病故了，他的母亲后来带着他改嫁。范仲淹十几岁的时候就告别母亲，到外边求学去了。因为家境贫寒，范仲淹的求学生活异常艰苦，食物匮乏，他每天只得煮粥为食。他每晚煮米粥，边读书边添柴。粥煮好后已是深夜。清晨，粥凝固后分成四块，早晚各吃两块。佐餐便是些切碎的野菜，加盐拌匀配着吃。日复一日，即使艰苦，范仲淹依旧心存希望，度过了自己的求学时光。

据说，范仲淹的同窗好友发现了他在吃咸菜稀饭，实在不忍心他这样受苦。于是，连忙给范仲淹一些钱，让他改善伙食，可是被范仲淹婉言拒绝了。到了第二天，他的朋友直接买了鸡鸭鱼肉送给他。没想到过了几天，等他的朋友再来看他时，这些鸡鸭鱼肉都发霉了，范仲淹一口都没吃。看到此情此景，范仲淹的朋友生气了，怒道："你怎么能这样呢，放着这些好东西不吃，也太不给我面子了吧！"范仲淹笑了笑说："我不是不吃这些美味佳肴，我怕是吃惯了它们，回头就再也吃不惯我这咸菜稀饭了，那以后可怎么办啊！"

杰出的人物在面对困境时会展现出超越常人的洞察力。范仲淹不享用美食，并非出于对美食的不喜爱。他之所以拒绝，是为了抵御诱惑，保持自己对俭朴生活的坚持，这种坚持正是为了潜心读书。读书对他而言，是成为一位清廉的治国之才，为国家效力，为民众谋福祉的必经之路。范仲淹深知，如果沉溺于美食带来的感官享受，自己可能会迷失初心，丧失本性。正如他在《岳阳楼记》中所言"先天下之忧而忧，后天下之乐而乐"，这是他坚守的人生信条。

由此可见，诱惑是实现人生目标的一大障碍。一旦我们意识到自己可能受到诱惑的影响，就应毫不迟疑地排除这种干扰，确保不被欲望控制。

确立人生目标的同时，坚守个人原则同样至关重要。无论从事何种活动，都要具备耐心和定力，不被外界干扰，方能保持初衷，成就伟业。

范仲淹为官之后，始终秉持高尚的道德操守，廉洁清正，为民做主。

相传，有一次朝廷委派范仲淹前往京东和江淮地区赈济灾民。当时，灾情严峻，百姓生活困苦，不得不以野菜充饥。范仲淹迅速下达命令，调运粮食以缓解灾情。然而，粮食刚一运达，便被人偷去了一些。这令他震怒不已，随即下令捉拿盗贼。经过一番搜查，盗贼最终被捕。

在审讯之际，范仲淹发现盗贼是一名年轻人。正当他准备审问时，公堂外传来一位老妇人的哀求声。于是，他命人将老妇带入公堂，只见这位妇人跪地哭泣道："求求大人高抬贵手放过我的儿子吧，要不是我老婆子没有饭吃，他也不会豁出性命去偷朝廷的粮食。如果您非要惩罚的话，就惩罚我这个老太婆好了。"在老妇人悲痛的哭诉中，范仲淹的随行官员富弼注意到范仲淹的眼中已含泪光。最终，范仲淹决定对这个年轻人从轻发落，仅施以几十下杖刑以示惩戒。

而之后又发生了一件公堂啼哭之事，但这次范仲淹却表现得铁面无私，并没有网开一面。

在范仲淹担任参政知事后，便派遣一群按察使查看地方官员的政绩如何，若是政绩不好，官员会被免职。一次，有一位官员因为政绩不佳，被免去了官职。这位官员的一家老小就哭哭啼啼闹到了公堂上。但是范仲淹不为所动，坚决执行了罢免决定。

后来，富弼便问范仲淹："你现在把这个官员免了职位，人家全家苦苦哀求你都无动于衷；而之前那位偷粮食的年轻人，你却不予追究，这又是为何？"

范仲淹解释道："因为这个年轻人偷粮食是出于孝心，他的母亲哭泣求情也是出于对孩子的心疼爱护，见二人母慈子孝的情境，我实在不忍重罚这年轻人，所以不再追究。而这一家是官员出了问题，家人却在公堂上大声哭泣，如果我对这个官员不予追究，苦的是当地的百姓，乐的是官员这一家子。所以，倒不如罢免这个官员，免得让他祸害这里的老百姓啊！"此话一出，富弼心服口服。

范仲淹怜悯百姓之困苦，是个心如明镜的贤臣。在不同情境下的决策与行动，生动地展现了他"仁政"与"公正无私"的思想与精神。他既能够体恤民情、宽以待人，又能够坚守原则、公正无私，这种高尚的品德和卓越的才能，使他成了历史上备受敬仰的贤臣。

明确目标，有意识地做事

只有明确了前行的道路，并有意识地清除途中的障碍，坚持去做那些必要的事情，我们方能抵达心中的彼岸。然而，在当今这个纷繁复杂的世界中，我们往往被各种事物所吸引，一旦精力分散，便容易忽视思考，忘却初心。因此，我们应当保持心灵的澄澈，时刻铭记内心的目标；持之以恒，方能成就人生的理想。我们应当有意识地凝聚心力，明确自己的道路，使生命摆脱混沌的束缚，活出自己的精彩与价值。

坚守初心，实现价值

范仲淹上任之后能够坚守自己的初心为民做主，可见他值得称道之处远不止于诗词歌赋，更在于他报国爱民的政治理想。坚守初心是一株幼苗能够长成参天大树荫蔽一方的关键，它是生命之树笔直向阳的准绳。人生之路漫长悠远，如果忘了初心，走了错路，那何谈价值呢？所以，要想成功，就要正心正念，根茎对了，生命之树才能长出它本该有的高度。

六　知难而上，凭借执着可达目标

苏洵：屡试不中，大器晚成的文坛名将

　　或许鲜有人知的是，作为唐宋八大家之一的苏洵，有着不同于他人的科考之路。他多次考试都名落孙山，但仍不放弃学习，最终大器晚成。他那种不屈不挠、勇于挑战命运的精神，至今仍广为传颂。

　　自幼年起，苏洵便展露出与众不同的特质，他聪慧过人，且对事物拥有独到的见解。青年时代的他，对书籍并无特别偏好，反而更倾心于无拘无束地游历四方。他崇拜李白，循着其足迹，踏遍名山大川，尽情领略自然之美。幸运的是，他的父亲苏序并未因此责怪他，反而对这种生活方式给予了充分的理解与支持。

　　常言道，父母之爱子，则为之计深远。苏序深知苏洵才智出众，不愿其局限于文字辞藻之间，而是希望他能够丰富阅历，增长见识。

况且，以苏洵的才智，若真要深入研读经典学说，又何愁不能轻松驾驭？更何况，苏洵还有两位兄长作为榜样与依靠。经过深思熟虑，苏序欣然同意了苏洵的游历计划。

那时的苏洵，满心只想探索外面的世界，对读书并未产生浓厚兴趣。然而，当他的两位兄长相继考中进士后，苏洵的心中不禁涌起一股难以言喻的滋味。他满怀信心地参加了科举考试，却未曾料到会名落孙山。他本以为读书并非难事，科举考试也不过是举手之劳，却未曾料到，自己竟会落得如此下场。

然而，苏洵并未因落榜而放弃出游，他依然过着逍遥自在的生活。直到他的母亲突然病故，他才不得不回家守丧。在守丧期间，他的二哥提议道："你游历过那么多名山大川，何不将其记录下来，让我也饱饱眼福？"苏洵虽有此意，却苦于胸中虽有千言万语，却难以付诸笔端。因为他未曾系统地读书，自然难以文思泉涌。此刻，他深感羞愧，那颗读书的种子终于在他心中生根发芽。

其实，苏洵的二哥是有意点醒他，提醒他珍惜时光，莫待老来空悲切。苏洵没有辜负二哥的期望，开始发奋读书。然而，命运似乎与他开了个玩笑。在接下来的数年里，他虽多次参加科举考试，却每次都以落榜告终。相反，他的两个儿子却能轻松过关。这样的结果对他来说无疑是一种讽刺。

面对科举之路的屡屡失败，苏洵陷入了深深的思考。他最终选择了折中的道路。他深知自己喜爱自由、天性淡然，不适合科举之路的束缚与竞争。于是，他放弃了科举考试，但并未放弃学习。他依然坚持读书、研究学问，认为科考只是众多道路之一，或许并不适合自己。虽然他在仕途上未能大展宏图，但他相信只要努力钻研学术思想研究，定能在这一领域独放异彩。

事实证明苏洵的选择是明智的，也是最适合自己的。

苏洵开始研究不同历史时期圣贤所著的经典书籍，他肆意遨游在古代诸子百家的经典言论之中。在广泛的阅读和思考中，苏洵吸取各家思想之精华，并加以融会贯通，最后形成自己的学术思想。

在此期间，苏洵笔耕不辍，他先后撰写了《六国论》《管仲论》等学术著作。这些著作针砭时弊，思想缜密，是不可多得的传世佳作。就在苏洵将近五十岁时，他所创作的这些文章得到了欧阳修的认可，从此，苏洵文学巨匠的称号得以传开。苏洵凭借着自己对读书研学的执着，终让人生在别处开出了傲人的花蕾。通过自己的努力和坚持不懈，苏洵成功跻身"唐宋八大家"之列，成了流传千古的文学名人。

试想，若苏洵因科举屡试不第而放弃了读书人的理想，他的名字或许早已湮灭于历史的洪流之中了。然而，他选择了坚持，从另一条读书之路上找到了属于自己的光芒，活出了独一无二的精彩人生。

坚持与执着如同春雨，能够让生命重新焕发生机。我们可以放弃一条道路，但绝不能放弃向前冲刺的决心，因为，路在脚下，用尽全力走出来的，就是我们独一无二的人生之路。

此路不通时，不要放弃前行

最宝贵的精神财富，往往诞生在"此路不通"的警示牌前。真正困住我们的从来不是障碍本身，而是对既定轨迹的过度执着。山岩阻断溪流时，溪水会化作彩虹跃向云端；种子被巨石压迫时，根系会向更深处寻找生机。成长本就是不断突破预设剧本的过程，当你放下对"必须如此"的执念时，你会发现生命的备选方案远比想象中丰盛。那些绕过的弯路会沉淀成智慧，试过的错路会变为铠甲，看似倒退的转身里，往往藏着最关键的飞跃。

向前不是只有直线，向上未必需要攀岩。当你学会把"不通"看作生命给出的善意提醒时，脚下的每块绊脚石都会变成指路牌。

即使时运不佳，也要善待自己

人的运气有好有坏，此乃天定，很难捉摸。时运不佳的时候，要善待自己，以积极的眼光为自己谋求出路才是良策。就像苏洵，从落笔无墨，到名噪天下，然而他若未能以宽广的胸怀接纳命运的安排，或许便无法在人生道路上取得如此辉煌的成就了。

有时候我们不妨换个角度看问题，行不通的事也许是不妥当的事，走不通的路或许荆棘丛生。上天给予我们的考验，又何尝不是另一种提醒！当我们不陷入负面情绪之中，以善待自己的心态来面对一切，专注于自我成长与提升时，我们终将能找到真正适合自己的职业或者赛道。随后，静待风口来临，扬帆远航，追逐梦想。

第三章

打破思维定式，养成强者心态

一 机会转瞬即逝，遇到就要抓住

霍去病：汉武大帝识将才，封狼居胥称英雄

遥望千年前的西汉星空，有一颗将星熠熠闪烁，直至今日，他的故事仍广为流传，他就是冠军侯——霍去病。

谈起霍去病，还要从西汉与匈奴的征战外交史开始……

在汉武帝之前的西汉初期，大汉帝国尚不具备完全击败匈奴的实力，因此采取了和亲的方式以求和平共处。然而，随着西汉进入武帝时代，汉武帝刘彻立志扭转对匈奴的妥协态势，誓要消灭匈奴，重振大汉的辉煌。正是在这样的历史背景下，一代名将霍去病降生了。

霍去病的母亲是武帝姐姐平阳公主府的女奴卫氏，他的父亲是个薄情寡义的人，当差期满后便抛弃了妻子和孩子。本来卫氏以为自己的孩子会成为平阳公主府的奴仆，没想到有朝一日这孩子竟能封侯拜将。

那时，霍去病的小姨卫子夫深受汉武帝的宠爱，使得卫氏家族一跃成为显赫的外戚。霍去病凭借这一家族背景，自然而然地拉近了与汉武帝刘彻的距离。在卫子夫的呵护下成长，霍去病不仅享受了家庭的温暖，更在潜移默化中熟知了国家的战事与政治风云。加之他自幼便展现出非凡的才能，练就了一身好本领，因此深得汉武帝的赏识与喜爱。

霍去病的舅舅卫青已经跟匈奴打了好几年的仗，并且取得了不俗的战绩。舅舅的英雄故事唤醒了霍去病的少年英雄梦，他梦想着有朝一日能战场杀敌，攻打匈奴。就在霍去病摩拳擦掌，准备与匈奴一较高低之时，汉武帝刘彻给了他一个绝好的出征机会。

当时，汉武帝刘彻筹备派遣卫青征讨漠南，并特命霍去病以骠姚校尉之职随行出征。原本，卫青仅意在让外甥霍去病亲身体验战场环境，经受一番历练。因此，他只分配了八百精兵予霍去病，并特意叮嘱他务必保重自身，而后便放他前去。

让人惊讶的是，初出茅庐的霍去病并未显露出丝毫胆怯，反而展现出非凡的机智。他采取了长途奔袭的战术，深入匈奴腹地，一举歼灭了匈奴的相国、当户、籍若侯等重要将领，斩杀敌军近两千余人，并成功俘虏了单于的叔父。这一战，霍去病立下赫赫战功，其功勋之卓著，无人能及。因此，他得到了汉武帝的高度认可，被一举册封为冠军侯。

古往今来，少年得志的幸运儿有很多，但如霍去病这般彪炳千古的人物却很少，他的英勇故事能够流传至今，有其特殊的原因。

首先，霍去病能够依靠日积月累拔高实力，一旦机会来临，他能果断出击，超常发挥自己的军事才能。其次，霍去病能够一心一意、心无旁骛地对待自己的"事业"，在战场上即便没有被委以重任，他也会抓住转瞬即逝的机会，获取意想不到的收获。

所以，年轻的霍去病凭借其沉稳的心智与卓越的实战能力，屡战屡胜，斩杀匈奴敌军数万人，被尊为大汉的"战神"。

这样的辉煌战绩尚非霍去病的巅峰成就，真正让他名垂青史的是他"封狼居胥"的非凡壮举，这一传奇事迹至今仍被世人传颂。

当时，匈奴的实力已经大不如前，但是汉武帝刘彻还是希望能彻底消灭匈奴主力。于是，他派遣卫青和霍去病，各领兵数万人向漠北进军，与匈奴决一死战。这就是历史上著名的漠北决战。

在这次战役中，霍去病英勇绝伦，无所畏惧。他率部疾驰两千余里，沿途斩杀匈奴士兵无数，直捣漠北匈奴核心腹地。匈奴大军在霍去病的猛烈攻势下土崩瓦解，四处逃窜，伤亡数以万计，更有众多匈奴贵族沦为俘虏。最让汉人扬眉吐气的是，霍去病在匈奴人的神山狼居胥山上祭拜天地，并立下了汉家疆土界碑。这就是流传千古的霍去病"封狼居胥"。

有人或许会将霍去病视为命运的宠儿，因为他自幼便踏上了建功立业的辉煌道路。然而，深入分析后不难发现，霍去病之所以能够少年得志，并非全然因为卫子夫的庇护。成功虽然需要机会加持，但更需要果断抓住机会的能力。有时候机会近在眼前，如果不善利用，也只能和成功擦肩而过。

不断积累，厚积薄发

历史上像霍去病这样年少成名、战功赫赫的英雄寥寥无几。这背后的原因，在于他能够摆脱"安乐窝"的诱惑，自幼立下鸿鹄之志，专心致志地锤炼技能，坚持不懈地提升自我。因此，当机遇降临之时，他能够厚积薄发，屡建奇功。

可见，机会的意义并不在于机会本身，而在于我们是否有利用机会，而后展现自我的能力，从而得到我们期待已久的结果。在日常的工作、学习中，我们与其遥望机会何时垂青，不如放平心态，聚焦于日常的积累，着眼于一点一滴的进步和提升。如此一来，当机会来临时，带给我们的必然是成功的奖赏，而不是错失良机的遗憾。

勇敢的人先享受成功

勇气是一个人成功的必备品质。在强者身上，勇气几乎成为专属的标配。没有哪个成功人士是胆怯懦弱的，相反，他们强大的内心力量如源源不断的养分，能滋养出丰硕的人生果实。试想，如果霍去病在初涉战场的那一刻，便心生畏惧，只想着依靠亲人的庇护，以走马观花的态度敷衍了事，那么他又如何能够在战场上立下赫赫战功，成就一番伟业呢？

机会助力成功，但勇气才是决定成功高度的关键。很多时候，我们并非缺乏机遇，而是缺乏那种一往无前、无所畏惧的勇气。而勇气是可以逐渐培养的。我们可以从勇于面对开始，正视自身的不足，不断巩固自身能力，逐渐克服面对机会时因心虚而生的恐惧。在日复一日的刻苦训练、积极尝试、总结反思中，增强自信，为勇气的成长提供时间和空间。如此，当机会成熟、降临之时，我们便能从容不迫地把握，书写属于自己的辉煌篇章。

二 遭遇排挤要沉稳淡定

卫青：跻身政治被排挤，做好自己莫烦心

细数捍卫华夏的古代军事将领，多数人脑海中会浮现西汉大将军卫青的英武身影。以"但使龙城飞将在，不教胡马度阴山"之诗句颂扬他，恰如其分地描绘了他的英勇与威名。

然而，英雄的背后往往隐藏着不为人知的艰辛。卫青的一生，大部分时间都在排挤与打压中挣扎前行。初为将领时，他遭遇老将的排挤；晚年之际，又承受了汉武帝的政治压力。然而，即便历经无数波折，卫青依然能够保持内心的坚韧与淡然，最终得以安享晚年，善始善终。

卫青的出身并不显赫，他的母亲是汉武帝胞姐平阳公主府中的一名卑微婢女。自幼，他便被母亲送往生父郑季之处寄养。在郑家，卫青非但未得到应有的关怀与爱护，反而饱受郑季其他子嗣的欺凌与侮辱。正因如此，待其稍长，父亲竟将他遣送至匈奴与大汉交界之处，令其担任牧童之职。

然而，即便身处逆境，卫青亦未曾有过丝毫的怨怼与自弃。相反，他利用这段留守边陲的时光，勤勉学习，刻苦锻炼。他不仅精通了匈奴的语言，更练就了一身卓越的骑术，这些技能日后均成了他辅佐汉武帝、建功立业的坚实基石。

就在卫青还在边境当牧童时，他的姐姐卫子夫被汉武帝刘彻宠幸进宫，卫青的母亲和姐姐趁势把他接回长安，并为他在宫里谋得一份差事。

后来，卫子夫怀孕遭陈皇后嫉恨，卫青和卫子夫险遭算计。汉武帝刘彻闻此大怒，便将卫青安排在左右，贴身陪伴。也就在此时，刘彻第一次与卫青长谈。从卫青口中，刘彻第一次清晰地了解到匈奴人的生活方式和思维模式，这让久居深宫的汉武帝大为震动，卫青也因此得到汉武帝的赏识。

那时，汉武帝提拔卫青之后并没有正式派他直接对匈奴作战，而是将他派到其他地方打仗。让汉武帝惊喜的是，卫青旗开得胜，于是封卫青为太中大夫，统领京城城防。

贫瘠的童年生活并没有磨灭卫青求学上进的心，他凭借一身胆识和才华得到汉武帝的提拔，从苦难里开出的花确实也更经得起风吹雨打。

据说，在卫青初露头角之时，他开始受到很多武将的排挤，大家都议论卫青实力平平，他能得到汉武帝重用靠的是姐姐卫子夫的裙带关系。当时的飞将军李广也正是这样看待卫青的。当卫青被汉武帝委任为太中大夫后，他第一次去接手京城防务，便被李广一顿嘲讽教训："带兵打仗可不能靠关系，没真本事战场上是要掉脑袋的。我看你也无过人之处，看看城门还挺适合你。"卫青听后，并没有心生恼怒，他默不作声，即刻投身于守城之责。

从小不被父亲待见，被同父异母的兄弟欺凌让卫青有着超乎常人的谦卑心态，他认为自己的人生刚刚起步，适时示弱才能长久，因为"夫唯不争，故天下莫能与之争"。争不如静，以静制动，方能不败。

后来，到了汉武帝正式准备攻打匈奴的时候，李广又开始排挤卫青。为了打击匈奴，汉武帝召开军事会议，卫青破格参加。这时，李广看到卫青这个毛头小子居然也参加这样高级别的会议，早已嗤之以鼻。他骄傲自负地笃定，这个依靠裙带关系上位的家伙资质一般，取得战功还是要靠他们这些名将之后。可低调寡言的卫青却用实战行动证明了自己。

在战事商讨中，汉武帝希望汉军直接攻打匈奴，而不是被动挨打，而后挨个询问大家的看法。李广当时得意满满地表示自己早有此意，其余大臣也纷纷跟着附议。当汉武帝问卫青有什么看法时，卫青只是谦虚地说："陛下指引到哪里，微臣就打到哪里。"

之后汉武帝让大家讨论具体的军事措施时，李广等诸将献计献策，主张用活动战术，攻打匈奴骑兵。而此时，只有卫青神情严肃，闭口不言。他知道自己人卑言轻，这不是他该说话的时候。

事实证明，卫青讷于言而敏于行的做法是最为妥当的，因为言多无益，只有到了战场上，才能知道谁是真正的将才。

果然，到了战场上，李广仗着自己名气大，战功多，对待敌军掉以轻心，不幸被多于自己数倍的匈奴军队围困，双方激烈交战，李广终究寡不敌众，被俘。最后只得靠夺取匈奴人马匹侥幸逃脱。

而卫青则直击匈奴的政治核心——龙城（即匈奴之都城）。此外，他还斩杀数百匈奴士兵，取得了自大汉建立以来首次与匈奴交战的胜利，这无疑是极大地雪洗了之前的耻辱。

虽然卫青获得战功，但他并没有像李广一样得意忘形，他仍低调行事，还帮助李广还清了朝廷要求的赎罪金。不畏人言，而做好自己分内的事情，是对误解和非议最好的回应。面对排挤，卫青并不逞口舌之快与他人争论，他以豁达的胸怀和沉稳的个性，默默深耕自己的仕途之路，这是他的智慧，也最终助他成为"龙城飞将"。

无须自证，一笑置之

卫青面对"裙带之臣"的讥讽，不曾耗费分秒自辩，而是用七战七捷的功勋在史册上刻下自己的名字。那些执意要你自证清白的声音，往往最畏惧你沉默着走向更高的山巅。

流言是弱者的投石器，自证却是强者的绊马索，真正的价值从不需要在辩驳中镀金。与其在他人搭建的审判台上申辩，不如把每个质疑都锻造成攀登的岩钉——当你站在云层之上俯瞰时，那些曾令你困扰的喧嚣，不过是山谷里遥远的回响。

春风从不解释为何融化坚冰，明月无须自证为何照亮暗夜。把辩解的时间用来沉淀，将反击的力气化作养分，待你自成参天巨木时，所有曾被视作缺陷的年轮，都会成为令世人仰望的图腾。

在命运的夹缝里向阳而生

卫青的成功之路与姐姐卫子夫之间既存在必然联系，又非全然依赖。在入宫得职之前，他所经历的种种挫折与磨砺，铸就了他沉稳、乐观且豁达的个性。试想，若他在困境中自暴自弃，放弃学习，即便有卫子夫的鼎力支持，其成功之路亦将布满荆棘。

当我们自身也处于命运的夹缝中时，应如何应对？答案在于：保持内心的平和与坚定，不以外界的变化而轻易悲喜，选择向阳而生，积极面对。因为命运的轨迹难以捉摸，但我们可以确定的是，当自己拥有足够的实力去迎接命运的馈赠时，皇天不负有心人，我们终将有所收获。

三 不到最后，绝不放弃自己

范雎：被人毒打扔"厕所"，也能翻身做权臣

出身寒微无人问，荣登高位天下闻。用这句话形容战国时期的秦国相国范雎，最恰当不过了。

《史记》记载，范雎早年出身贫寒，他原有意步苏秦、张仪之后尘，以纵横之术游说魏王，期望能为其所用，然而天不遂人愿。在那个英雄辈出的动荡年代，无权无势者往往只能依附于权贵以求生存。因此，范雎选择了投靠魏国大夫须贾，成为其麾下的一名门客。

然而，随后发生的一桩事件给范雎带来了前所未有的挫败与羞辱，这一事件更成了范雎命运轨迹的转折点。

一次，魏王派遣须贾出使齐国，范雎也随行在列。

那时，因为魏国曾经连同他国一起攻打过齐国，导致齐国差点

灭亡。所以，齐王有意怠慢须贾，这让号称"读遍天下书"，素有雄辩之才的须贾羞得一句话都说不出来。可就在此时，范雎发挥了自己的辩才，他与齐王辩论起来。齐王不禁觉得这个人还真有些胆识和才华，于是给了范雎不少赏赐。谁知福祸相依，正是这些赏赐让范雎惹祸上身。

须贾眼见自己出使齐国的重任尚未达成，自己的随从范雎却意外获得齐王的青睐。嫉妒的烈焰瞬间在他心中熊熊燃烧，使他下定了置范雎于死地的决心。回到魏国后，须贾便向相国魏齐诬告范雎，声称其向齐国泄露了魏国的机密情报。魏齐闻讯后，轻信谗言，对范雎实施了严酷的私刑。他命令手下残酷地打掉范雎的牙齿，并打断其肋骨，但范雎坚称自己无辜，宁死不屈，拒绝招认任何罪名。在身心遭受极大折磨、几乎无法承受之际，范雎不得不选择装死以求自保。然而，他的命运并未因此得到改善，反而被无情地抛弃于"厕所"之中，遭受了难以言喻的屈辱。

这要是换作旁人，恐怕早就饮恨而终了，但是范雎忍受了这奇耻大辱，撕开了挫折的围困。俗话说得好，"大丈夫当能屈能伸"。范雎在这绝境之时，并没一心求死，而是思考谁能够帮助他逃离险境。他的达观和智慧为他赢来一线生机。

范雎察觉到秦国外交重臣王稽正出使魏国，心生一计以求自保。他恳求狱卒将自己伪装成尸体运出，随后设法联系到王稽。王稽与范雎深入交流后，对其才华大为赞赏，认为他是秦国急需的栋梁之材。鉴于秦国对人才的渴求，王稽决定冒险将范雎带回秦国。范雎历经屈辱，最终成功脱险。范雎这一经历深刻启示我们，在绝望之时亦应坚守希望，因为生命的转折往往出人意料，转机与绝望或许就在一念之间。

虽然平安到达秦国，但是范雎最初并不受秦昭王的礼遇。王稽将范雎带回秦国后，便将其推荐给了秦昭王。但秦昭王不喜欢辩士，范雎在秦国施展抱负的希望只能搁浅。但是，范雎并没有灰心丧气，而是默默等待人生的春天。

在默默无闻的这段时间，范雎认真研读了秦国的军事和政治历史，同时也深入剖析了秦国当前所面临的各种问题与冲突。回想初见秦昭王之时，秦国的政治状况还算稳定，并未有太大的波折，所以他并未受到特别的重视。但基于目前秦国形势的演变，范雎坚信，不久的将来，他必将在秦国发挥重要作用。

果然，经历了一段漫长的人生寒冬后，范雎的机会来了。当时，秦昭王被朝政折腾得焦头烂额，范雎看准时机，向秦昭王上疏一封，为秦昭王指明了解决问题的正确思路。于是，范雎成功被秦昭王招为近臣，开始了独属自己的人生巅峰。

在为秦昭王效力期间，他提出了远交近攻的策略，对秦国乃至整个中国历史都产生了深远的影响。除此之外，范雎提出的很多良策，让秦国得以大治。最终，秦昭王拜范雎为相国，其地位可谓一人之下，万人之上。

放弃很容易，但坚持一下或许就能迎来转机。范雎被构陷后能虎口脱险，展现了他超乎常人的秉性和意志力。即便看似毫无希望，即使和死亡近在咫尺，但范雎不到最后一刻，不放弃自己的达观品格，让他成功摆脱厄运的囚禁，迎来生命的一抹曙光。

古人云："以古为镜，可以知兴替；以人为镜，可以明得失。"作为中华五千年历史中的真实人物，范雎给我们上了生动的一堂课：只要我们在困境中相信奇迹，愿意破釜沉舟全力一搏，那么翻身之日便在眼前。

告别内耗，铸就乐观品质

曲折和困境是成功路上的缠人荆棘，是人生之旅中难以避免的沿途"风景"，更是上苍对每个人的历练和考验。倘若范雎含冤时心如死灰，坐以待毙，那他也只能沦为冤死在"厕所"里的无名氏。

所以，如果不想让理想半路"夭折"，我们就必须铸就乐观的品质，意识到挫折是客观存在的，即使面临难以想象的困难，只要我们不内耗、不纠结，重整旗鼓找出路，就有机会看到前路的新风景。

保持钝感，聚焦解决问题的方法

情绪是自然的身心反应，但过度沉溺其中，便会耽误大事。当我们在职场中遭遇羞辱、冤枉等事时，保持钝感是最好的方法。我们可以避免负面情绪对大脑的"轰炸"，从而摆脱阴谋的陷阱，减少利益的流损。

如果范雎在初次遭秦昭王拒绝后便沉溺于自怨自艾之中，那么，他此后也无缘获得秦昭王的赏识，更无缘成就相国之尊。因此，当我们身处事与愿违的境地时，务必保持一颗坚韧不拔的心，将全部心力聚焦于如何化解难题之上。通过积极的心理暗示，引领自己向光明与高远迈进，直至踏上那条梦寐以求的成功之路。

四　无惧挫折，积极破局

汉昭烈帝刘备：越挫越勇的"三国"帝王

命运从不承诺公平的起跑线，却永远为真正的奔跑者保留终点线。当我们在二十四史的帝王谱系里寻找传奇时，总会与那个织席贩履的身影不期而遇——他从涿郡市井的草席堆中起身，带着半卷《左传》和满腔孤勇，在群雄并起的东汉末年，以仁德为甲胄，用失败作阶梯，最终在巴蜀山水间铸就季汉的脊梁。这个被后世称为汉昭烈帝的男人，用三十年颠沛流离诠释了何为"困而弥坚"。

刘备很早就失去了父亲，他的母亲带着他编草席谋生。清贫的家境并没有挫伤刘备的志向，他曾笃定地对自己的同伴说："将来我一定要坐上天子的车子！"

刘备这种不惧贫寒、胸怀大志的赢家思维，使得他后来成功登顶帝王宝座。虽然少不得志，贫寒窘迫，但他默默等待机会的降临。终于，在数年之后，刘备的好运从天而降。

东汉灵帝年间，爆发了声势浩大的黄巾军大起义。当时各路豪强纷纷以镇压起义军的名义扩充地盘，扩大实力。刘备也见机行事，趁势而起。他凭借着自己的智慧和勇气，拉起了一支虽然规模不大却战斗力极强的队伍，投身于镇压起义军的战斗之中。他的英勇表现赢得了朝廷的赏识和信任，最终因镇压有功而被封为安喜县尉。

在此期间，刘备还结识了两位志同道合的异姓兄弟——张飞和关羽。他们三人在共同的战斗中结下了深厚的友谊，刘备也凭借张飞和关羽的帮助，突破了命运的第一道关卡。

可是，本以为自此可以平稳发展的刘备，却因为一个道德败坏的督邮，断送了自己的仕途之路，从此开启了他如浮萍般漂泊不定的创业之路。

彼时，刘备当上安喜县县尉后，朝廷发下诏书，因有军功而做官的人需要通过考核，不称职的就要被罢免。刘备所在郡的太守派了一名贪财的督邮前来安喜县，因为刘备不肯贿赂他钱财，这个督邮便要罢免刘备。

听说自己要被罢官，刘备哪受得了这窝囊气。他带着县衙里的一群衙役冲进督邮的住处，把督邮捆到安喜县界，直接绑在树上用鞭子抽打了二百余下还不解气，吓得督邮直呼饶命。最后，刘备把官印挂在督邮脖子上，他再也不想做这受气的官了。从此，刘备便踏上了他的坎坷前路。仕途的挫折与失败，使刘备练就了越挫越勇的气度，也为之后他能三分天下奠定了基础。

离开安喜县的刘备先是投奔了同窗好友公孙瓒，可是没过多久公孙瓒自己被袁绍攻击，自顾不暇。无奈之下，刘备又去投奔陶谦，可陶谦不久便去世了。这时刘备又被吕布暗算，他又不得不投奔到曹操帐下。

当时，刘备身处许昌，一举一动皆在曹操的严密监视之下。他每日不是埋头耕作于田地之间，便是刻意展露出一种碌碌无为、胸无大志的姿态，以此消除曹操的疑心。那时，曹操正"挟天子以令诸侯"，对刘姓宗室成员自然不敢掉以轻心。因此，刘备的日子过得如同坐在针毡之上，倍感煎熬。而且，在这段时间里，刘备与刘氏宗亲正暗中策划一场诛杀曹操的惊天大计。为了确保计划的万无一失，刘备更是加倍小心，行事极为谨慎，不露丝毫声色。

《三国志》记载，建安四年（199年），曹操宴请刘备饮酒，表面上是青梅煮酒，其实曹操心中早已杀气腾腾。曹操边饮酒，边问刘备："天下人谁可以称之为英雄？"刘备小心翼翼地回答："袁绍可以称之为英雄。"曹操听后笑道："我看天下只有你我才能成为英雄，袁绍算得了什么！"此时刘备大为惊讶，吓得连筷子都没拿稳。这时天边传来惊雷一声，刘备一边捡筷子，一边嬉笑着说自己是被雷给惊着了。此时，刘备恐密谋计划暴露，曹操绝对不会放过自己。之后，他便向曹操主动请缨去打袁术，并借机逃跑。而这时的曹操才恍然大悟，后悔也来不及了。

就这样，刘备再次踏上他的颠沛流离之路。因为没有地盘，他只能辗转各处，寄人篱下。本以为自己可以依靠征战四方争得地盘，却不想因为帐下缺少人才而屡次失败。

后来，刘备投奔刘表，刘表让他驻扎南阳新野。此时，刘备面对种种失败之后，开始总结屡屡败退的经验。他已经清晰地意识到，只有依靠能谋善断的人才，才能破局而出，取得成功。当时正巧诸葛亮就身居南阳。于是，著名的"三顾茅庐"上演了。

刘备第一次去诸葛亮的住处时，恰巧诸葛亮外出未归，刘备和关羽、张飞只能下次再来。第二次，刘备和关羽、张飞再来时，诸葛亮依旧不在家中，而刘备礼贤下士，一点怒气都没有，倒是关羽憋了一肚子火。第三次，再到诸葛亮的住处时，刘备终于见到了他梦寐以求的贤才。刘备"三顾茅庐"之举，尽显其对人才的尊重与礼遇，也深深赢得了诸葛亮的钦佩。二人便在简陋的茅屋内，提出了冠绝历史的"隆中对"，三分天下的谋略由此形成。而诸葛亮也成了刘备最重要的谋士。

有了诸葛亮献计献策，刘备的人生终于开始顺利启航。

诸葛亮上任后，便开始帮助刘备争夺地盘，抗击曹操。为了破解曹操的进攻，诸葛亮巧心设计为其谋划，在水泊东吴舌战群儒，最终说服孙权联合抗曹。而这场与曹操的对战就是历史上有名的"赤壁之战"。

当时的曹操自信满满，满脑子都是一统天下的盛世壮举。而周瑜帐下老将黄盖诈降，让曹操放松了警惕，孙刘联军则按计划开始行动，最终火烧曹操的船只，致使曹操兵败北归。孙刘联军大获全胜。

自此，三分天下的局势尘埃落定，刘备从流离失所到稳坐一方江山，成就非凡。经过数年的艰苦奋斗，他终于在成都登基称帝，被后世尊称为汉昭烈帝，名垂青史。

刘备的经历与历练，展现了英雄史诗般的一生。当众人都不看好刘备时，他仍能不卑不亢，为自己赢得一席之地！只有不畏惧前路，才能取得成功。刘备在挫折与逆境中一次次奋起的故事，犹如极夜里的一抹星光，能为陷入迷茫的后来者，带来再次启程的希望与智慧。

成功，源自屡败屡战的勇气

很多人害怕自己失败，这是一种正常的心理情绪。可是，若要成功，就要有屡败屡战的勇气，刘备的"好事多磨"验证了这个道理，在一路颠沛流离的生活中，他能把"坏事"变成"好事"，正是他的勇气给了他破局的力量。

所以，当我们的职场生涯遇到瓶颈，当我们的创业前路渺茫未知，当我们的学习难以进步时，请用正向的意念补足自己的精神之"钙"，要有勇气打破困局，重拾前行的信心。

成功，基于有效和持续的努力

成功最基本的要素在于，即便不知道未来在何方，也仍能克服未知的恐惧，愿意付诸有效和持续的努力！这一点，刘备做到了。

刘备的思维模式是成长型的，他知道面对挫折，不能局限于自身的想法，更不能盲目地行动。刘备懂得要借力，要思考，要求贤。所以，他的努力是有效果的，当他持续地努力时，便完成了一次又一次的翻身逆袭。

可见，当我们深陷挫折时，要抛下蛮干、苦干的惯性思维，尝试分析再次起航的方向和条件。只有驶入正确的航线，才能在不懈的努力中抵达成功的彼岸。

成功，需要善于借助他人的力量

人才是坚实的后盾，是通往成功的坚固支撑。那些胸怀宽广、具备雅量的人，深知人才的价值所在，因此擅长招揽贤才，成就事业的辉煌也便水到渠成。刘备三顾茅庐，发掘诸葛亮，最终成就霸业。当我们在人生的旅途中遭遇挑战时，不妨保持一颗谦逊的心，虚心向他人请教。或许，他人的一句金玉良言或一次援手相助，就能成为我们突破困境的宝贵力量。

五　审时度势，灵活善变得机遇

宋武帝刘裕：以谋得位的一代枭雄

中国历史上有一位以打仗善用计谋闻名的铁血皇帝，他以阅历为笔，亲撰《兵法要略》流传后世，连"硬汉"诗人辛弃疾都赞赏他："金戈铁马，气吞万里如虎。"

他就是宋武帝刘裕。刘裕以谋略取胜的经典事例闻名史册，被后人尊崇至今。他的一生几乎都在征战沙场，是个灵活善谋的骁勇猛将。

谁又能料想，这位铁腕帝王，竟有着一段艰辛的童年。《宋书》记载，刘裕幼时便尝尽了生活的苦涩，母亲早逝，家境贫寒，父亲甚至萌生过将他遗弃的念头。还好同郡刘怀敬的母亲心生怜悯，把他收养。长大后的刘裕以耕作为生，捕鱼换粮，甚至亲手编织草鞋以补贴家用。生活的重压虽让他疲惫不堪，却也铸就了他不屈不挠的精神。最终，他毅然决然地踏上了从军之路，誓要以自己的双手改变命运。

　　也许连刘裕自己都意料不到的是，如果不是自己审时度势，顺势而为，命运的天平也不会偏向于他。

　　起初，刘裕只是个普通士兵，那时正遇孙恩起义背叛东晋朝廷。于是，将军刘牢之便派遣刘裕带领数十人前去侦察敌情。不料敌人十分凶猛，随行的人大半被杀了，只有刘裕一人手舞长刀在战斗。恰巧这以寡敌众的战斗壮举被东晋援军看到，他们连连称赞刘裕的英勇不屈。自此一战后，刘裕声名大振，开始了他以"谋"得天下的不凡之路。

　　立下战功的刘裕被命镇守句章城（今浙江宁波）。当时的句章城规模不大，守城的士兵仅数百人，因此常遭受孙恩的突然袭击，城中的百姓惶恐不安。为了保一方安宁，刘裕开始策划如何击退孙恩的侵扰。一次，孙恩率领数万大军再次前来袭击，刘裕决定施展一计"空城计"。他命令士兵偃旗息鼓，全部隐藏起来，并放出风声说刘裕已于昨夜逃走。孙恩信以为真，率领大军准备冲进城内。

　　然而，当孙恩的军队进入城中后，刘裕突然率兵从四面八方杀出，孙恩措手不及，被打得连连败退，从此再也不敢轻易突袭句章城。

　　这场胜仗第一次显示了刘裕善于谋略的才能。正是刘裕灵活善变的巧智，让他一举成为北府兵的重要将领。

　　都说打仗是检验一名将领是否有真本事的唯一途径，当有很多人都还在纸上谈兵时，刘裕早已满腹将领之才。在不断的实战历练中，他的战斗经验也越来越丰富。

就在不久之后，泼天的好运向刘裕奔来。在这次事件中，整个东晋朝廷的军政大权皆落入刘裕之手。

当时正值东晋末年，军阀纷争异常激烈。东晋的首都在建康（今南京）。桓玄，宰相桓温的次子，逼迫东晋安帝司马德宗退位，自立为帝，改国号为楚，史称桓楚。桓玄的政权并不稳固，各地的反对势力不断崛起。刘裕组织军队前往建康攻打桓玄。当时的形势对刘裕极为不利，他的兵力不足两千人。然而，刘裕依然胸有成竹，制定了一套巧妙的计策。

首先，他命令士兵悄悄登上舟山岛（位于南京市东北），然后让一部分士兵登上山顶，作为疑兵。接着，他又分派另一部分士兵将浸了油的布挂在树上。最后，刘裕与众将士齐声呐喊，声音震天响彻建康城。此时，东北风骤起，刘裕迅速下令点火，顿时火焰冲天，火光映红了半边天空。城内的人惊恐万分，建康城不攻自破，桓玄不战而败。凭借此次大功，刘裕总揽了东晋朝政，成为举足轻重的人物。

总揽东晋朝政后，刘裕依旧宝刀不老。他擅长谋略的禀赋助其成功击败鲜卑骑兵。就在他主政之后的第二年，他带领北府兵攻打南燕国要地临朐城（今山东潍坊）。刘裕带领的是步兵，而南燕国派出的则是骑兵。要知道骑兵对阵步兵是有很大的优势的，但是在刘裕看来，这所有的不利因素都不在话下，因为他自有自己的兵法谋略。

刘裕将四千辆战车排列在大军的两翼，用以阻止敌军骑兵从两侧冲散大军。为了防止敌军用弓箭远程射杀，刘裕命令士兵在战车上挂满布幔。他还让北府兵的骑兵在外围游走，以此堵住大阵的缺口。

两军布阵完毕，大战一触即发。南燕国派出众多鲜卑骑兵迎战，试图让刘裕知难而退。但是刘裕派遣诸多将领巧妙地堵住了敌军的骑兵。就这样，两军对阵了半天有余，就在南燕国骑兵人困马乏的时候，刘裕得到了临朐城空虚的消息。于是，他迅速派遣将领，轻松取得了临朐城。

古往今来，无数英雄豪杰都曾在浴血奋战中开辟一方天地，而如同刘裕这般智谋过人的将帅之才，却少之又少。刘裕不战而屈人之兵的谋略让人敬佩，他出身贫苦却敢于挑战命运的精神，使之成为名副其实的真英雄。

透过刘裕屡次不战而胜的故事，我们可以看到谋略的价值，它能无中生有，也能化腐朽为神奇。当我们遇到困难时，学会审时度势，以灵活善变的思路重新筹划未来，哪怕资源再少，也有脱离困境的办法。

善于谋划，方能改命

性格决定命运，思维决定性格。不甘于现状、善于谋划是一种强者思维。利用业余时间读书提升的人，肯定比刷短视频、追泡沫剧的人更有机会获得晋升。因为前者在谋划，后者在躺平。人生就是一场"种瓜得瓜，种豆得豆"的耕耘赛。当我们能够持续不断地为自己谋划未来时，命运的使者定会帮助我们拿到想要的结果。刘裕出身寒微，却能凭借一身战功，一路攀升，靠的正是他不安于现状、善于谋划的强者心态。

所以，不论我们身居低位，还是小有成就，都请把积极谋划当作一种生活态度和行事习惯吧！在谋划中锻炼自己灵活善变的思维模式，在谋划中发现生命的另一种可能。当我们不再受困于资源的匮乏，不再沉溺于舒适圈的短暂安稳时，我们便能改变命运的方向，在充满光明的未来中一步一步迈向心中的伊甸园。

审时度势，抓住风口

有这样一句老话："选择比努力更重要。"当东晋末年的寒门子弟刘裕站在人生岔路口时，他清醒地意识到，在门第重于泰山的时代，战场才是寒门最公平的科举场。如果一个人只会低头赶路，从不抬头思考，那么无论他多么努力，也无法冲破命运的"圈套"。

因此，做事前，以审时度势为前提，主动探究所处环境的状态，才能明白做什么事情对自己有利。真正的成功者，都是与时代共舞的弄潮儿。

心态强大，机会自来

刘裕的不战而胜，源自其心态的无比强大。战场上，生死存亡仅在一念之间，而刘裕却能以寡敌众，这背后正是他卓越内心素质的展现。在日常工作与学习中，我们同样可以有意地锤炼自己的心理韧性，学会迅速摆脱疲惫与麻木，保持内心的清醒与活力。

当我们勇于正视自身的不足，以冷静的头脑分析现状，并灵活调整自己的行为方式，不断精进自己的能力与智慧时，我们便是在为未来的机遇做充分的准备。当机会悄然而至，我们便能紧握命运的馈赠，实现惊人的蜕变。

六 笑看命运，积极进取能改命

明太祖朱元璋：逆袭登顶的一代帝王

如果给你一只空碗，就让你开拓山河，登上帝王之位，你会怎么做？或许大部分都觉得这是痴人说梦的笑话，可历史上真的有人做到了，这人便是推翻元朝、开创大明王朝的皇帝——朱元璋。

朱元璋小名朱重八，出生在一个贫苦的农民家庭。他很小的时候就给地主家放牛。有一年，朱元璋的家乡先后发生了旱灾、蝗灾和瘟疫。可朝廷下发的救济粮被地方官贪污了，老百姓们缺食少粮都快活不下去了。在这样恶劣的生存环境下，朱元璋的父亲、母亲和大哥先后离世，可他穷得连埋葬亲人的棺材都买不起。最后还是好心人帮助他，才得以将至亲埋葬。家破人亡，举目无亲，最后朱元璋只得孤身一人，拿着一只空碗，开始了他饱经苦楚的求生之路。

那时，朱元璋面临的最大挑战便是如何填饱肚子。经过深思熟虑，他决定投身皇觉寺，成为一名和尚。事实证明，朱元璋的决策是极为明智的。在皇觉寺的宁静与平和之中，他不仅能够满足基本的温饱需求，更获得了宝贵的学习机会，得以读书识字，进一步丰富自己的知识与见识。

好日子没过几年，皇觉寺附近开始闹饥荒，寺庙里也不能再养闲人了。有句话说："人挪活，树挪死。"在这个四处战乱的年月，朱元璋只得再次端着他的空碗，踏上云游化缘的道路。

游历三年，朱元璋的命运如同被无形的力量牵引，引领着他不断前行，坚韧不拔，勇往直前。他游历了中华大地的山川湖海，目睹了百姓生活的艰辛与不易，更深刻感受到了元朝末年民族冲突的加剧和社会的不稳定。归来皇觉寺，朱元璋环顾四周，心中充满了迷茫与思索：自己的未来之路，究竟在何方？

朱元璋想起寺外民不聊生的人间百态，又联想到揭竿而起反对元朝暴政的起义军。他暗自决定，反正到处都过不上太平日子，一只空碗再也讨不了一顿饱饭，倒不如揭竿而起，跟着起义军一起干。

于是，朱元璋顺势而为，他投奔到以韩山童、刘福通为首领的"红巾军"，也由此开启了自己的军旅生涯。

朱元璋是一名作战的好手，他打起仗来英勇果断，冲锋陷阵不在话下，最重要的是朱元璋人缘较好，又略懂文墨，于是很快就升官了。这对于曾经一只碗走天下的朱元璋来说是莫大的荣幸。因为，终于有人赏识他了，他也终于能过上吃得饱饭的生活了。

接下来，好事接踵而至，朱元璋未曾料到的是，他的忠诚与稳重赢得了郭子兴的青睐。郭子兴当时是军中的重量级人物，他看中了朱元璋的可靠，决定将自己的养女马氏许配给他。有了这位马夫人，朱元璋的人生从此犹如开挂。

当大部分人还在端着空碗在这乱世讨饭时，又有谁能想到，朱元璋凭借着机智乐观和踏实肯干的精神，迎来了第一次命运的转机。此时，红巾军派系纷争激烈，朱元璋斟酌，长此以往，必将大事难成。面对这样左右为难的局面，朱元璋决定培养自己的势力，于是他做了人生中最重要的决定：另起山头，独自闯荡。这也为朱元璋日后的成功奠定了稳固的基石。

第二年，朱元璋满怀壮志地回到阔别已久的家乡，积极招募士兵，誓要重整河山。他年少时的挚友徐达等英勇之士，得知消息后，纷纷赶来投靠，共同为复国大业贡献力量。同时，邻乡的熟人们也被朱元璋的英名所吸引，主动慕名而来，愿意追随他的步伐。

在此之后，朱元璋率领着这支由志同道合的战友们组成的队伍，踏上了充满未知与挑战的征途。他们披荆斩棘，克服重重困难，涉险闯关，勇往直前。经过无数次的战斗，朱元璋终于成功建立了汉人自己的新王朝，实现了他心中的伟大抱负。

至此，朱元璋不仅完成了从一名卑微的乞丐到至高无上的皇帝的惊人蜕变，更以他的智慧和勇气，为国家和民族带来了前所未有的繁荣与昌盛。称帝后的朱元璋，始终心系百姓，致力于让天下苍生都能过上安居乐业、太平无事的幸福生活。

正如他在《咏竹》中豪迈地写道："一朝红日出，依旧与天齐。"面对逆境，若我们视其为绝境，则未来便如死水一潭，了无生机；而若我们坚信前路可期，那么前方必将绽放出似锦繁花，充满无限希望。

朱元璋不惧居于困境，善于寻找出路的乐观品质，让他能够不畏惧贫寒窘境，靠着正向的意念拼搏出自己完满的一生。朱元璋这样冲破个人局限，直抵命运天花板的宝贵品格，何尝不是一盏人生的茗茶？它值得我们现代人用心去品味和体会。当我们无法得到原生家庭的馈赠，当我们难以获得命运的垂青时，或许心灵之灯可以抚慰我们的焦虑和不安，指引我们找到破茧成蝶的方法。

敢问路在何方？路在脚下！

改变就有出路，做了就有转机。很多时候，我们会困于人生的死角无法自拔，自己感觉山穷水尽，没有出路了。其实，这只是自己的"错觉"，困死我们的是认知的局限而非真正的事态。当我们愿意打开格局，换个角度看问题，在更为广阔的视野下，前路便不再黑暗。当我们顺着新思路行走时，很多问题都能迎刃而解。

所以，无论是职场工作，还是创业经商，都要学会提升格局，懂得转换思路。因为人的一生未必都是坦途，要有遇水搭桥、遇山开路的果敢品质。只有这样，才能在纷繁复杂的世界中处处有路走。

放下小我情绪，学会转念

朱元璋一路讨饭讨成皇帝，堪称传奇。这背后，除了天赋的运气之外，更关键的是他持之以恒的进取心，敏锐洞察局势的能力，以及将危机转化为转机的积极心态。试想，若朱元璋因身世凄惨而心生悲观，停滞不前，又怎能有后来那些被世人传颂的佳话？

乐观者，即便身处绝境，亦能发现墙角绽放的鲜花之美；而悲观者，或许一根荆棘便足以成为其止步不前的借口。当我们学会放下对外界环境所强加的情绪包袱，让理性与智慧重归心田时，我们便能更加明智地抉择，踏上通往成功的康庄大道。

第四章

发展战略眼光，
培养领导者思维

一 《六韬》《三略》：领导者的战略与战术

《六韬》《三略》是中国著名的军事著作，蕴含着丰富的战略思想和战术技巧。时至今日，这两部兵术兵法书仍是诸多管理决策者的案上宝藏，为现代人提供了不少行之有效的职场攻略。

一是奖惩分明。在现实工作生活中，奖惩分明对于一个团队来说很重要，奖惩不当会引发团队内部嫌隙不断，甚至分崩离析。那么如何做才能够奖惩分明，不失人心呢？

《六韬》中言："将以诛大为威，以赏小为明。"意思就是在一个团队集体里，如果那些比较重要的人出差错，就应予以严惩，杀鸡儆猴可以有效树立领导的威信；而适当奖赏团队里职位较低的人，就可以彰显领导的英明。

这就是《六韬》中的奖惩思想。看似简单，实则能非常有效地增强团队的向心力，因为它让能者不敢居功自傲，有所忌惮；让弱者不会背叛，忠于职守。关于惩戒思想，文中更深一步提到"刑上极，赏下通，是将威之所行也"。意思是，刑罚的时候不回避上级高官，奖励下级能够通达到底层员工。如此一来，领导才能以德服众，从根本上树立威信。而整个团队的各级人员才会心服口服，自觉接受领导与管理。

奖惩分明是管理团队的核心理念，只要发挥得当，就会立竿见影，呈现正向管理结果。

二是培养团队士气。士气是决定一个团队成功与否的关键，所以培养团队士气的工作任重道远。《六韬》中有言："胜负之征，精神先见，明将察之，其败在人。"一个团队的兴衰，往往在其精神状态中显露无遗，睿智的领导者擅长洞察团队的精神状态，深知人的因素才是决定成败的关键。当员工们士气振奋，乐于承担各自的责任，勤勉工作时，整个团队便能如同握紧的拳头，力量集中。此时，大家心往一处想，劲往一处使，共同朝着目标冲刺，成功自然指日可待。相反，若员工懒散懈怠，不愿遵守团队规则，各自为政，各行其是，这样的团队便难以形成合力，其结局可想而知，必然不尽如人意。

培养团队士气的方法有很多，最主要且较为容易操作的方法就是要求员工遵循公司制度，与员工分享团队发展的成绩使其看到团队未来的前景，让员工心生归属感，将个人与团队的命运紧密相连。

三是知晓善恶。明辨是非，分清善恶是管理团队的智慧与艺术。《三略》中有言："废一善，则众善衰；赏一恶，则众恶归。"在团队管理中，如果轻易地对善事予以否定，那么大家都不愿发扬善美精神，更懒于去做善事了；如果褒奖做坏事的人，便会助长不良风气，使得团队成员在判断是非时变得模糊不清，做坏事的人会越来越多。

从扬善与积恶这一相对的概念视角出发，我们不难发现，善与恶犹如黑白阴阳，在团队内部此消彼长。为了达到惩恶扬善的目标，领导者的个人价值导向必须保持正派。在团队内部，拥有正确三观的领导者能够充分发挥其引领作用，秉持善恶分明的原则行事，从而使成员们"近朱者赤"，实现潜移默化的学习效果。

当团队成员均以行善事为荣时，善与恶的天平自然偏向善的一方，这样的团队将充满正能量，无往而不胜。

四是提高领导能力。好的领导是整个团队的先行人，他会引领团队一路向好发展。《六韬》有言："得贤将者，兵强国昌；不得贤将者，兵弱国亡。"这句话的意思是一个国家拥有优秀的将领，就会昌盛；反之则会衰亡。

若想成为一名优秀的领导者，需要具备很多优秀品质，这样才能带领队伍顺利前行。首先，领导者要有一颗仁爱包容的心，才能得到下属的拥戴；其次，领导要勤勉有加，下属才会紧追其后，奋勇前冲；当然，最重要的是领导要有能力，没有能力团队就会失去主心骨，丧失信念。

总之，作为一名领导者，作为整个团队的灵魂人物，要有俯瞰宏观大局的气度和能耐，只有多学善思，弥补不足，才能有足够的力量承载整个团队的生命力，这不仅仅是为自己谋福利，更是在为团队谋未来。

以上所述只是《六韬》《三略》中关于管理之法的一小部分思想，从中可以看到古人思想的深邃与远见。其中很多思想值得我们现代人精心钻研，学以致用。

掌握管理的艺术，不要只会下命令

领导是一门通达人情的管理艺术，是情与情的互动，心与心的照应，也是人与人的微妙连接。管理团队需要技巧，不能直接对下属施压、发命令。

好的领导最善笼络人心，能够以尊重、互助的原则与下属相处，关心下属的生活，帮助他们解决一些实际问题。好的领导懂得以身作则，自律自强，同时也会以饱满的精神状态引领下属进步。这所有的领导艺术归根结底在于以人为本，注重规则。

所以，作为管理者，或者即将踏上管理岗位的人，若要提升自身的管理能力，可从"人"与"规"上着手，以温暖人情调剂冰冷的规章制度，以规矩章程规整团队工作，这是最有效的管理秘诀。

言之有理，有德有义有信

人情世故是管理工作中的双刃剑，通晓者无所不能管，滥用者无所不能失。作为管理者，需深知语言的力量，懂得言之有物，方能赢得众人的心悦诚服。同时，管理者更应具备高尚的品德修养，重视信义，"桃李不言，下自成蹊"，唯有领导者身体力行，方能树立卓越的口碑与威信，从而激发团队的无限活力，让团队的能量生生不息。

二 鬼谷子的思想：谋略之术，经世致用

春秋战国时期，诸侯国之间相互斗争兼并，各个学派百家争鸣，人杰志士纷纷拜师学艺，志在辅佐大国贤君，造就一番丰功伟业。

纵横学派的鼻祖鬼谷子通过独特的实践教学，培养出苏秦、张仪、孙膑等改变历史进程的弟子。他创立的纵横术不是空谈玄理，而是一套可操作的现实策略，每项理论都经过了列国博弈的实战检验。

鬼谷子深信，在春秋战国那纷扰动荡的年代，欲求成功，必谙谋略之道。他所倡导的谋略，强调因地制宜，灵活变通，不拘一格。倘若我们能深刻领悟并巧妙运用以下智慧精髓，无论拼搏职场，还是应对日常生活，皆能游刃有余，稳操胜券。

一是学会说话。说话是人生而俱来的本事，但是会说话的人才有真本事。鬼谷子认为，捭阖者，变动阴阳，四时开闭，以化万物。捭阖之道，无所不出、无所不入、无所不可，可以说家、说人、说国、

说天下。所谓捭阖之道就是指说话的本事，能说会道可以用在很多地方，小到一个家庭，大到一个国家。语言是日常沟通的重要工具，所以，我们需要知道说话不能信口胡诌。要明白在什么场合该说什么样的话，对待什么样的人应说哪些话，以及运用什么样的话语才能达到自己的目标。这些说话的智慧与艺术，统称为说话的技巧。在说话之前，若能稍作思考，审慎斟酌，便能更好地把握话语的方向与力度，使语言成为推动我们人生向上发展的强大动力。

二是深入揣摩对方意图。在人际交往中，我们不应仅停留于表面现象，而应有意识地探寻对方的言外之意。唯有准确把握对方的品性与德行，并细心聆听弦外之音，我们才能做出明智的判断：此人是否值得交往。这正是鬼谷子所倡导的揣摩之术，它涵盖了对人、对事、对天下的深入洞察。同样地，在团队间、企业间的合作中，我们也需要进行详尽的调查，了解对方的商业背景、财力资源、人员配备等关键信息，从而全面掌握对方的真实情况。这样，在合作过程中，我们才能胸有成竹，有效避免被误导或欺骗。

三是预判未来。这个世界瞬息万变，唯有变化不止。要想成就一番事业，就要具备判断未来的能力。鬼谷子告诉我们谋略的核心在于一个"揣"字。既要能看清当下的状态，也要能洞察未来的走势。比如当今企业数量众多，但百年企业却寥寥无几。这并不是因为领导者没有主事的能力，而是因为他们大多被眼下的利益迷惑，缺乏预判未来的能力，不能够为企业的未来发展做出最优选择。

以上思想无论是用以谋生还是谋事，都能为有心者提供强大的助力。或许有人会认为鬼谷子的思想已经过时了，其实不然。在现代社会，不管是学会说话还是学会揣摩对方的背景意图，都可以帮助我们达到自己的目的，取得想要的成功。当然，这些看似简单的谋术，是需要消化吸收的，倘若有人能够将其融会贯通，并付诸实践，那么他无疑将会脱颖而出，成为真正的佼佼者。

在竞争激烈的当今社会，鬼谷子的捭阖思想更是被职场人士广泛推崇。它是中国传统文化中的经典，非常值得我们研读并实践。那么，怎样巧妙地运用捭阖之道呢？让我们一同深入探讨。

一是顺势而为。凡事要顺势而为，按照历史的趋势去发展，按照民心所向去行动。只有懂得运用规律，明白规则的意义，了解事情发展的趋向，才能时刻准备着，把握稍纵即逝的机会。当别人还在迷茫的时候，你已悄然掌握成功的钥匙，迈向胜利的彼岸。

比如当今社会已经衍生出很多种生活方式和谋财之道。当敏锐地嗅到时代变迁的气息时，我们应主动拥抱新思想的洗礼，力求成为引领时代潮流的先锋。若我们勇于在时代的洪流中积极求变，那么即便风浪再汹涌，也无法阻挡财富与好运的滚滚而来。

二是攻守兼备。社会时势风云变幻，个体实力也会强弱不一。当个体实力强的时候，就可以抓住机会，逆袭翻盘；当个体实力较弱的时候，就要严密防守，等到时机成熟的时候再采取行动。

都说生意场堪比战场，输赢面前不相信眼泪。为了守住底线不出局，就要量力而行，懂得攻守之道。赢的时候，要戒骄戒躁，明白挣钱不易，机会来时循序扩张。输的时候，就要谨慎行事，保存实力，待时而动。最不可取的是分不清自己所处的状态，被争强好胜的心情左右，为了逞一时之快致使前功尽弃。

三是能屈能伸。自古以来，能够成就大事的人都有风轻云淡的秉性。当困境来时，他们不拘小节，一笑而过。而在奋斗之路上，他们则是不到目的地决不罢休。既有大度之心，也有敢争敢赢的决心。所以，让自身富有"弹性"是很重要的，过柔者无力，过刚者易折，都不能长久。

四是借鉴经验。一个人的精力是有限的，个人经验也是有限的。一个人想要成功就不能太执着于自我，要学会从他人身上发掘亮点，以他人成功的经验开拓自己的道路。

这个道理对我们有着很好的启发效果。时间有限，精力有限，吸取他人的成功经验可以让我们的前行之路更加顺畅。

我们无法获得自身智慧和认知以外的财富和人生。当我们深陷困境时，何不拾起传统文化的思想精华呢？

好主意是人生的"润滑剂"

当我们陷入困境之中难以自拔时，好的主意会帮助我们润滑思想，打开思维闭塞之处，逐步突围解困。这就好比古代行军打仗时的锦囊妙计，有着起死回生的作用。

那好主意从哪里来？来自日常的点滴积累。我们可以阅读书籍、借鉴经验，不断丰富自己的思想，并将其内化成有利于自己职场生活或者人生道路的好主意。当我们学会用巧劲儿和智慧解决问题，谋划未来时，我们便会拿到想要的结果，过上喜欢的生活。

开阔视野，洞见未来趋势

鬼谷子的谋略可凝练为一个"揣"字——既需明察秋毫的微观洞察，更要有总览全局的宏观视野。苏秦合纵六国的蓝图，张仪连横破局的妙手，本质上都是基于对天下大势的精准预判。他们如同站在云端的弈者，在诸侯尚未落子时，已推演出十步后的棋局。

我们同样需要这种"执一御万"的战略思维。这不是赌徒式的冒险，而是建立在精密推演之上的必然选择。举个例子，我们在制定发展战略时，若能将行业报告、用户画像、技术曲线等变量纳入"揣"的模型，便可以将不确定性转化为可控概率。未来不在命运之神的掌心，而在智者的推演沙盘之中。

三　唐太宗：爱惜人才，虚怀若谷

古人云："士者，国之重器；得士则重，失士则轻。"唐太宗李世民深谙用人之道，因此才能开创"振古而来，未之有也"的贞观之治，他的辉煌政绩如同璀璨星辰，至今仍照亮着历史的天空。

唐太宗在人才任用方面有着独到的见解。他珍视人才，善于发掘每个人的潜能，并能根据每个人的特长和才能，给予他们最适合的岗位和任务，从而实现了人才的优化配置。

"房谋杜断"就是唐太宗善用人才的佳话故事。

房玄龄和杜如晦是唐太宗时期的两位宰相。《旧唐书》记载，在处理国事的时候，房玄龄擅长分析问题和提出谋略，但是他不擅长做决定，而杜如晦做事清晰果断。所以，每当唐太宗与房玄龄探讨国事，房玄龄不能做出决定时，唐太宗就把杜如晦请来拍板。杜如晦会将问题分析一遍，对房玄龄可用意见予以肯定，这样答案也就一目了然了。

"房谋杜断"彰显了唐太宗卓越的用人之道，而其重用魏徵之举，则深刻体现了他对人才的珍视与宽广的胸襟。《资治通鉴》记载，唐太宗尚为秦王之时，魏徵便已作为太子李建成麾下的智囊，以其卓越的策略为太子立下赫赫战功，名声因此传至李世民耳中，令李世民深为赏识，并萌生招揽之心。即便魏徵曾建言太子诛杀李世民，李世民仍旧对其才华保持高度认可。玄武门之变后，魏徵终归顺于李世民，并在其麾下展现出敢于直言进谏的非凡勇气，为唐太宗贡献了许多治国理念，共同铸就了"贞观之治"的辉煌时代，其功勋卓著，永载史册。

由此可见，唐太宗展现了对人才的大度包容与绝对珍视。即便魏徵曾对他怀有敌意，他却洞察到魏徵对君主忠贞不渝、刚正不阿的赤诚之心。他既往不咎，以开明之姿善待臣子，实为治国明君中的佼佼者。因此，在职场生涯中，若有贤能之士愿意鼎力相助，只要其品行端正，性格耿直，那些微不足道的小事便应被置于次要地位，毕竟实现共赢才是成功领导者的首要之选。

唐太宗在用人这件事上尤为严谨，他绝对不会任人唯亲。当然，如果有亲近的人才华横溢，他也会予以重用。

长孙无忌是皇后长孙氏的哥哥，长孙氏做事一向低调，她不喜欢自己家族里的人做高官。《资治通鉴》记载，唐太宗想要任命长孙无忌为宰相，皇后长孙氏并不赞成，但唐太宗认为长孙无忌很有才能，于是坚持己见，"卒用之"。

不难看出，唐太宗在用人方面的核心原则便是要求人品德高尚且才华横溢。他摒弃了诸多繁文缛节，不拘一格，既不避亲疏，也不苛求细节，展现出了一种极为宽广的胸怀。试问，这样一位领袖，又怎能不赢得下属们的衷心拥戴呢？所以说，疑人不用，用人不疑，真心交付，静待花开，这样的用人哲学是经过实践考证的用人真谛，也是值得我们后世人参考借鉴的。

唐太宗对待大臣谏言的态度更是令人称道，他总是能够虚心接纳，从善如流。《贞观政要》记载，唐太宗在即位之初，要判处一个叫元律师的人死罪。然而，就在此时，大臣孙伏伽挺身而出，以理据争，他言道："元律师固然触犯了法律，但陛下所下的判决似乎过于严苛。诚然，他犯下了过错，但其所犯罪行并未达到必死的程度。因此，臣恳请陛下能够重新考虑，对判决进行适当调整。"

唐太宗怒气渐消之后，方才省悟自己对那位官员的判决确实过于严苛。他转而对孙伏伽言道："你所言极是，我确实量刑过重。多亏你的及时提醒，否则我险些铸成大错，错杀无辜。"

唐太宗慷慨赐予大臣孙伏伽一座园子，以示对其忠诚直言的认可。有人质疑此赏是否过于贵重，而唐太宗却回答："孙伏伽直言不讳，我自然要以重赏回馈，以此激励群臣效仿，真心实意地为我出谋划策。"

唐太宗对待大臣魏徵的谏言更是极其重视，他们君臣之间的佳话，早已流传千古。

《贞观政要》记载，一次，唐太宗下了一道命令说："家中排名中间的男子，即使没有满十八岁，只要身体强壮的，也征兵入伍。"这个决定引起了魏徵的不满，他极力反对唐太宗的做法，而唐太宗怎么也不肯退让，两个人可谓是针尖对麦芒。魏徵对唐太宗谏言道："陛下说过要讲信用，现在陛下不顾律法的规定，非要让不到十八岁的男丁当兵。那么谁来种田？谁来做工？陛下总说自己当了国君，一定会讲信用。律法中规定满十八岁才服兵役，您都不遵守，这不是失信于民吗？"

唐太宗听了魏徵的谏言，说道："听了你的话，我真是口服心服了。以前以为是你太固执，现在想一想很有道理。如果一个国家的政令前后不一致，那么百姓就会不知所措。朕若失了信，国家就会出现问题。"

还有一次，唐太宗在显仁宫休息。当时正值贞观中后期，唐太宗多少有点儿滋生了帝王的奢侈风气。他看到显仁宫使用的都是过去用的旧银器，很不高兴。到了晚上，唐太宗又嫌弃饭菜不好，气得想要狠狠责罚显仁宫的总管。

第二天，魏徵知道这件事后，就问太宗："陛下还在为昨晚显仁宫侍奉得不好生气吗？陛下，因为这点小事生气可不是什么好事呀！"

唐太宗说道："我大唐富足殷实，出这点小钱算什么。我是国君，谁又能奈我何？"说罢，甩袖转身。

魏徵看太宗仍旧不知其中利害，继续说道："陛下，您如果开了这个头，到时候上行下效，奢靡之事就会一发不可收拾啊！"

"有这么严重吗？谁敢跟我一样啊？"唐太宗觉得魏徵小题大做。

魏徵回答："当年隋炀帝巡游的时候，就会因为各地上贡的食物不精而恼怒惩罚。隋炀帝喜欢享乐，给百姓造成了很重的税负。到后来官逼民反，丢掉了江山。"

唐太宗一听，心中一惊，这才意识到自己正在步入隋炀帝的后尘。最后，唐太宗赏赐了魏徵，并感慨地说："除了你，还有谁会这么直言不讳，跟我说出这样的话啊！"

可见，虚心纳谏多么重要，常言道"话糙理不糙"，只要是对自己成长有益的话语，无论言辞是否顺耳，我们都应当感激纳言。在当下竞争激烈的工作与学习环境中，如果我们一味沉溺于顺耳之言，而忽视了培养自己辨别是非的敏锐洞察力，那么失败与灾祸或许就在不远处。

唐太宗曾言："以人为镜，可以明得失。"回顾唐太宗波澜壮阔的一生，他驰骋疆场，以武定国，又广开才路，渴求贤能，共同缔造了辉煌的盛世。这告诉我们，倘若能学习唐太宗的睿智为鉴，反省自身之不足，并巩固强化自身的优势，那么在未来的征途上，定能展翅高飞，最终抵达成功的彼岸。

识人善用是创业的第一关键

领导者在创业中最容易犯的毛病就是固执己见。人无完人，倘若用放大镜观察每个人，那没有一个人能经得住检验。创业是一群人的舞台，不是一个人的独角戏，如果想要有所成就，首先就要有识人善用的本事。而用人的第一关键是聚焦他们的核心竞争力，选择可用之材，而非完美之材。能明辨是非，知轻重缓急的人，自然能够在创业路上吸引众多同路之人，携手并肩，在众人之力的推动下，于创业路上行得更远，飞得更高。

放下架子，是为人处世的重要品质

唐太宗面对贤臣，毫无帝王架子，这种不以位高自居、不拿情绪罚人的态度，激励贤臣尽心尽责，勇于直言。所以说，人生在世，无论地位如何，都应力求放下架子，因为放下的瞬间也是收获的开始，收获他人的中肯建议，收获他人的无私援手……当我们因放下而不断积累时，人生的宝藏将逐渐汇聚，最终达成圆满之境。

四 武则天：广开才路，任人唯贤

在男尊女卑的中国古代社会，有一女性推翻了坚不可摧的观念大山，成立周朝，自称为"曌"。这位"开天辟地"的女皇正是武则天，她懂得笼络人心，以开放的心态广开言路，不拘一格，唯才是举，使得"贞观之治"后的唐朝再次焕发出勃勃生机。

武则天深谙人性，善用人才辅佐自己，更是以各种方式网罗人才。

武则天曾经以修书为名召集人才。她把召来的人才都送到宫里，一一询问他们关于治理国家的意见，对有出色建议的人委以重任，派他们协助宰相工作。这个方法值得借鉴。比如，一个团队若要找到适合岗位需求的人才，就可以通过实践考核、能力评估等方式，对应聘者合理分流，细致筛选，确保所选之人能够胜任岗位需求。这种招聘方式相较于仅凭简历选拔更为精准有效。

武则天求贤若渴，她为自己选拔人才时喜欢直接提拔，因为直接嘉奖能让人心归顺。《旧唐书》记载，在高宗时期，狄仁杰升任大理寺丞。他在一年内判决大量积压案件，涉及一万七千人，却无一人冤诉。此举无疑彰显了他非凡的才干与效率。武则天慧眼识珠，迅速察觉到了狄仁杰的非凡能力。所以，武则天刚掌权时就毫不犹豫地任命狄仁杰为宰相。

武则天当政时期出现了很多贤臣，都是她直接选拔上来的。武则天胸怀宽广，甚至可以重用自己政敌的后代，她和上官婉儿的君臣故事就是很好的证明。上官婉儿的祖父上官仪因为反对武则天当皇后被诛杀，而上官婉儿随自己的母亲没入掖庭做官奴。按照正常情况，上官婉儿是罪臣后代，就再也没有出头之日了。但是后来，武则天召见上官婉儿时，发现她才华出众，于是就命上官婉儿负责起草制诰。从此，上官婉儿脱离祖上罪孽，人生自此改写。

不得不说，武则天的气度之恢宏，确实不输于任何须眉男子。古往今来，帝王将相虽多，但能像她这般胸襟开阔，敢于让仇敌后人为自己效命者，实属罕见！武则天深谙治国之道，视才华为国家之根本，她不拘一格，广开才路，使得众多有志之士，无论出身贵贱，无论过去是否与她有恩怨，都感受到了她的知遇之恩，纷纷主动投奔，誓死效忠。

她不仅是一位杰出的政治家，更是一位深具人性洞察力的领袖。武则天懂得如何把握人心，知道在何时何地给予怎样的激励与信任，才能让人才心甘情愿地为己所用，为国家的繁荣稳定贡献力量。这，正是她以人才安天下的高明之处，也是她能够在中国历史上留下浓墨重彩一笔的重要原因所在。

武则天善用各种方式笼络人心。她敢于打破陈规，也喜欢用创新的考核制度选拔能人。

武则天当政之际，"殿试"横空出世，这一创举独步一时。参加考试者万余人，历经数日紧张激烈的考核方能见分晓。此种拉长战线、深度挖掘的考试模式，实为朝廷根据官职空缺精挑细选人才之良策。它犹如一场细致的面试，让朝廷得以更清晰地洞察每位考生的真才实学与内在潜力。因此，我们不得不赞叹武则天的睿智与远见，她能够全方位、多角度地综合考量，从而选拔出真正有才有德的人才，为己所用。

武则天还开创性地设立了武举科考制度，每年国家均通过此考试选拔出杰出的军事人才。从文治到武略，各有其独特的选拔路径，这无疑展现了武则天超凡的政治智慧和卓越的领导力。

武则天在位期间，以宏大的气魄器重人才，以宽广的胸怀爱惜人才。她的治国之智在古代众多帝王中都是少有的。在民间，至今还流传着"龙门夺袍"的小故事，以传颂武则天对人才的重视。

一次，武则天到洛阳龙门石窟游玩，她突然诗兴大发，便对随行人员说："你们现在作诗，谁写得又快又好，我就送给谁一件锦袍。"因为锦袍非常贵重，故官员们无不争相展现才华，奋笔疾书。不久，东方虬率先完成，他自信满满地将诗作呈上，武则天阅后，赞许有加，亲自将锦袍赐予。然而，不久之后，宋之问的诗作更为出众，武则天见后，当即夺过东方虬的锦袍，转而赠予宋之问。此举充分展现了武则天对杰出人才的珍视与赏识。

除了广开才路、善用贤能、珍视人才之外，武则天还擅长运用"以人制人"的策略，她尤为青睐那些勇于直言不讳、敢于进谏的忠臣，用以制衡朝中权势显赫的皇亲国戚。

《旧唐书》记载，武则天曾将侄子武承嗣册封为魏王，并赋予其宰相之职，显示出她对家族成员的深厚信任与栽培。然而，武承嗣的贪婪之心并未因此得到满足，他竟觊觎皇位，这一野心被忠诚的大臣李昭德所察觉。李昭德不仅勇敢地将武承嗣的阴谋告知武则天，还力陈利害，恳请她采取措施以防不测。

武则天听后，立即展现出了她作为一代女帝的敏锐与果决。她亲自深入调查，确认事实无误后，迅速罢免了武承嗣的宰相之职，从而及时消除了一个潜在的巨大威胁。这一举动不仅彰显了武则天对李昭德等忠臣的信赖与重用，也再次证明了她在政治斗争中的高超手腕与深谋远虑。

职场如官场，懂得以人制约人，以事平衡事，是管理的一种智慧。身居高位者难以发现每一个问题，所以就要巧用"耳目"，善于为自己创造眼睛、耳朵，如此才能稳固大局，以凡事不参与但知晓的明镜之心，做对判断，做好管理。

作为中国历史上的杰出女性，武则天以创造性的行为延续了贞观之治时期的大唐盛世，为中华文化的繁荣和发展作出了深远的贡献。特别是她翻转天地成为千古第一女帝的开拓精神，以及卓越的政治才华，都能为后世之人上演一幕精彩的巾帼绝唱。

敢做第一，打破思维枷锁

第一个吃螃蟹的人必然备受争议，第一个打破陈规的人也必然被人质疑。俗话说，"枪打出头鸟"。但是，倘若能够做到凡事出色，让人心服口服，那还有什么可害怕的呢？

很多时候，我们容易被内心的恐惧束缚，不敢开辟先河。但新的道路未必是不正确的，因为新的选择往往预示着新的机遇和收获。如果我们能够不再自我怀疑，坚信自己的选择，相信自己的未来是光明的，而后果断付诸努力，昂首而行，那么，前行的迷雾自会逐渐消散。

英雄不问出处，关键在于是否具备能力

如果你身为一位领导者，当一位有潜力的人才希望加入你的团队时，你会因为他的背景不够光鲜而轻易拒绝他吗？在当今这个资源即财富的社会里，我们更应当铭记：历史的长河中，无数英雄出身卑微却能成就伟业。若我们在选拔人才时，将重心偏离了个人能力这一核心要素，便有可能错失真正的精英，从而让团队错失发展的黄金机遇。

因此，我们应当拓宽视野，广开才路，将才华与品性作为我们评判与选择人才的基准。这不仅是招聘人才时应遵循的康庄大道，也是我们在人生旅途中结交益友、共谋发展的明智之举。

五　曾国藩：精通人性，驭人有方

曾国藩，是"晚清四大名臣"之一，对中国的历史有着深远的影响。他的一生，波澜壮阔，成就斐然，一个重要原因是他精通人性，深谙用人之道。在数十年的官场浮沉中，他虽历经艰难险阻，却始终屹立不倒，这背后离不开他卓越的用人智慧，正是这种智慧使他能够巧妙化解各种难题。

所以，领导者不仅要学会招揽人才，更重要的是学会驾驭人才。以润物无声的驭人之术，让下属们乐于倾力相助，从而在众人的托举下成就一番事业。曾国藩的驭人之道，其内涵博大精深，即便在当今社会，依然具有极高的参考价值与启示意义。

曾国藩驭人之术其一：轻财聚人

轻财聚人是指一个人应擅长慷慨解囊，以舍弃小利来汇聚人心。

在团队管理之中，秉持利益共享的原则至关重要，确保每位成员都能分享到成果，犹如雨露滋润万物，不偏不倚。如此一来，众人因共享利益而心向一处，团结一致，为共同的目标努力，形成强大的凝聚力。

有这样一则故事在民间广为流传：一次，曾国藩被朝廷委派到四川担任乡试正考官，并赐予他一千两银子的优厚酬劳。得到了这么多银两，曾国藩没有想到独吞，而是给自己的祖父写了一封家书，从这一千两银子中支取六百两用来清偿家族债务，其余四百两悉数分给族里的亲戚。因为曾国藩明白，个人的财富虽好，但若能与家族共享，不仅能减轻家族负担，更能赢得族人的尊敬与爱戴。此举在乡间传为佳话，曾家的名声也因此愈发响亮，赢得了广泛的赞誉与敬仰。

在当代社会，曾国藩的做法依然值得我们学习和效仿，这种善于用财的观念不仅能解他人燃眉之急，还能树立自身良好口碑。若领导者们愿意学习曾国藩的做法对待下属，就能轻松增强团队的向心力，让下属们人人受益，人人献力。

曾国藩驭人之术其二：劝人改过前先夸其优点

"劝人不可指其过，须先美其长。人喜则语言易入，怒则语言难入。怒胜私故也。"意思是说，在规劝人时，不要直接指出别人的不足，而是先要夸奖和赞赏别人。因为人在喜悦的时候容易听进去别人的话语，而在生气的时候很难听进去别人的话。

没有人喜欢听批评的话语，所以我们在跟别人交往相处时，要多多夸奖别人，在和缓的氛围中处理好人际关系。有一则这样的故事尽显曾国藩高超的驭人之术。

陈国瑞虽是曾国藩的下属，但是他跟别的同僚关系不和。这件事闹到了曾国藩那里，他并没有在大庭广众之下批评陈国瑞，而是把他叫到密室中，私底下教导他。

曾国藩先是表扬了陈国瑞一番，夸他努力工作，认真上进，这让陈国瑞很高兴。随后，曾国藩话锋一转，拿出了弹劾陈国瑞的奏章，但并非用于恐吓或指责，而是借此机会，以事实为依据，指出陈国瑞在工作中的不当之处，并透露了同僚们建议撤销其职务的意图。这样的处理方式，既让陈国瑞感受到了事态的严重性，又没有直接损害其自尊心。面对曾国藩的真诚与公正，陈国瑞深感震撼，他诚恳地承认了自己的错误，并表达了改正的决心。最终，在曾国藩的巧妙调解下，这一风波得以平息，陈国瑞也重新获得了同僚们的信任和支持。

从曾国藩处理下属的事情可以看出，无论做什么事情都是要有方法的。因为我们解决问题的目的不是解决人，而是改正人身上的缺点和错误。如果不考虑个人情绪，而单刀直入地数落下属的问题，那么我们非但不能达到沟通目的，相反，还会引起下属的强烈不满。所以，先夸奖再批评，先肯定再否定，才能得到想要的反馈，才能达到正向的沟通成效。

曾国藩驭人之术其三：以诚相待，不摆架子

驭人之法，首要在于推心置腹，而非玩弄权术。曾国藩在与下属相处时，始终秉持真诚之心，言谈间流露出真情实感，毫无官僚气

息。他坚信，唯有真诚相待，方能赢得下属的信赖与尊重。

再者，曾国藩亦深知尊重个性之重要。在工作分配上，他从不强求下属完成超出其能力范围的任务，而是赋予他们足够的自主空间，让他们能够充分发挥自己的优势与潜能。这样的管理方式，不仅增强了团队的凝聚力与向心力，也为日常工作的顺利进行提供了有力保障。

综上所述，领导者唯有以诚待人，方能赢得下属的真心拥护与追随。曾国藩的驭人之术，是他个人成功的秘诀，更是所有领导者应当借鉴与学习的宝贵财富。它告诉我们，在团队管理中，领导者需要学会如何任用人才、尊重个性，以实现团队的共同目标与愿景。

宽以待人，带出优秀的团队

对于执掌管理权的领导者而言，宽厚不是示弱的妥协，而是彰显格局的战略智慧。当管理者能够以包容之心对待下属的失误，用发展的眼光看待团队成员的进步空间，这种领导气度往往能催化出超乎预期的组织效能。

真正的领导权威从来不是通过苛责建立的。当下属因经验不足出现工作疏漏时，领导者展现的理解与指导，远比简单追责更能激发团队向心力。在快速变化的现代职场中，领导者的包容度直接决定团队韧性的上限。对非原则性问题的适度宽容，能为创新保留试错空间；对个性差异的充分尊重，可让多元思维碰撞出创新火花。

以身作则以服人

作为一名领导者，如何才能服众呢？答案就是以自身的德行做表率，赢得下属的信任和追随。很多领导喜欢耍官威欺压下属，认为下属害怕自己就会听从自己。这样的管理方法非常普遍，但是不够聪明，因为逞一时之能，虽能达到片刻效果，但必然会致使人心涣散，难以长久。

而那些有能力和才干的领导，面对困难，身先士卒；面对危机，主动承担责任；面对利益，愿意与众分享。他们能够用实际行动带领团队努力前进，能够以真诚的态度让下属心生信服感。最重要的是，他们良好的品行和才干能让团队富有欣欣向荣的生命力。

因此，领导者的风格塑造着团队的特质，而团队的特质又预示着未来的走向。我们每一个人都应深思：究竟要成为怎样的领导者，塑造怎样的团队，进而开创怎样的未来？这一切，皆取决于我们自己的选择。

第五章

学会向上借势，
才能更快成就事业

苏秦：纵横捭阖，佩六国相印

在鬼谷子的众多门徒中，苏秦取得的成就极高。他凭借卓越的合纵策略，成功佩戴上了六国相印，这一辉煌成就，源自于他深谙人性之道，能够精准把握并迎合当时诸侯君王的需求与意愿。当然，这背后也离不开他坚持不懈、锲而不舍的精神力量。

《史记》记载，苏秦学业有成之际，遵循恩师的教诲，踏上了游说各国君王的道路。然而，苏秦的游说之旅起初并不顺遂，屡遭挫折。他先是听从家人劝告，前往游说周显王，却遗憾地遭遇冷遇，周显王认为他的言辞空洞无物，于是很客气地让他离开了。

苏秦的遭遇就好比初出茅庐的大学生，第一次找工作就遭遇冷眼，然而他并未因此放弃职场之路。苏秦先是返回家中，静养调息。失败的经历让苏秦感到做事不能盲目，深思熟虑和考察研究还是非常有必要的。经过一番思量后，苏秦决定前往重视人才的秦国去试一试。而游说之路需要钱财，这时苏秦的钱财已经不够用了，囊中羞涩的苏秦不得不忍痛割爱，变卖家产以资旅费。此举却引来家人的质疑，开始怀疑苏秦的能力了。

这一次，苏秦去了秦国游说秦惠文王，当时的秦惠文王刚刚即位，对待刚来秦国的人才都很欢迎，所以对苏秦很是友好。苏秦对秦惠文王献出通过战争来成为强国的策略，他还为秦惠文王描绘了秦国征服六国后的宏伟画面。然而，秦惠文王却并不认同苏秦的想法，认为苏秦的策略并不适合秦国。再加上秦国的高官十分嫉妒苏秦的才华，在秦惠文王面前故意贬损苏秦。很快，苏秦便遭冷遇，被迫离开秦国，黯然返回家乡。

苏秦第二次游说君王又失败了，回到家里的苏秦非常狼狈，家里的人都不愿意理会他，觉得他是一个失败无能的人。但是，苏秦并没有被家人的消极态度影响，他也没有因为游说不力感到沮丧。苏秦思虑再三之后，开始在家里发奋读书，研究辩论之术。

苏秦可谓努力到了极致，每当读书困倦难耐之时，他就拿一把锥子刺自己的大腿，鲜血直流。等到清醒了再继续读。就这样凭着一股倔强的钻研精神，一年后，苏秦感到自己的辩论之术已炉火纯青，于是再次胸有成竹地踏上了游说列国的征途。

苏秦面对失败没有一蹶不振，面对家人的不理解没有自暴自弃，他能发现自己的不足，而后迅速补齐自己的短板，这样的心胸是非常了不起的。

经过一段时间的学习，苏秦的确成长了很多，他明白只有迎合对方的需求，才能顺势而上，拔得头筹。所以，这一回他选择了游说赵国君王。而这一次游说赵国，他成功促成了历史上著名的合纵联盟。

苏秦到了赵国后，便得到了赵王的盛情款待。这是因为赵王看到秦国商鞅变法之后变得日益强大，所以赵王开始重视人才。

见到赵王后，苏秦就开始给赵王讲述治国之道，分析了赵国的现状：秦国已变得异常强大，赵国作为其主要对手，急需通过结盟来抵御秦国的威胁。赵王对苏秦讲述的战略十分赞同。

苏秦见赵王肯定自己的看法，就进一步提出联合东方六国抗衡秦国这一合纵联盟策略。而这个策略正合赵王之意。让东方的六个国家联合起来，抵御秦国，就可以避免战争。赵王听后很是高兴，发现苏秦是个不可多得的人才，就封苏秦为武安君，赏赐黄金白璧无数。

之后，苏秦又到东方其他国家商谈合纵大计，也都获得了各国君王的认同。于是，合纵联盟正式成立。苏秦被推举为合纵长，同时佩戴六国相印。

苏秦当时可谓威风八面，风光一时。正是六国的合纵联盟，让秦国十余年不敢出兵函谷关。

试想，倘若苏秦在二次游说受挫后，因家人的冷言冷语而心灰意冷，终止了其游说之旅，那么当时的天下必将呈现出截然不同的风貌。因此，我们应当宽容地对待自己的失败，但绝不能容忍自己轻易言弃。屡败屡战，并非无能之体现，只要我们能善于自省，勇于再次启程，那么成功终将属于我们。

当然，如果要论起苏秦的成功，最重要的还是因为他明白君王的政治需求。首先，苏秦知道，赵国最大的对手是秦国，所以赵国需要防备秦国的进攻。因此，联合各国抗衡秦国符合赵国的国情；其次，在苏秦和赵王论道的过程中，苏秦建议赵国联合魏、齐、韩、燕、楚结成联盟，这就表明赵国有成为霸主的可能，从而激发起了赵王称霸的野心。所以，赵王对苏秦的合纵联盟当然愿意接受。

由此可见，说服对方的关键是能够满足对方的客观需求和内在心理，如果能迎合而上，便能在双赢中实现自我价值。

我的世界我做主

我的人生我来规划，我的世界由我做主！有人说，当有人往你的皮肤撒盐时，只要你没有伤口，就感觉不到疼痛。这样的比喻用在此处再恰当不过。就如苏秦失败回家一样，家人的冷漠和轻视都不能改变他的游说志向，因为他心无旁骛，不在乎别人的闲言碎语，所以才能有力地掌舵自己的人生之舟。

所以，请认真且富有韧性地守护好自己的理想世界和唯一人生吧，外界的负面声音不重要，重要的是我们如何规划未来，如何以实际行动去构筑自己的理想世界。

勇敢试错，重获希望

每个人都有理想抱负，但并不是所有人都能经得起外界的"摧残"。流言蜚语、屡屡失败都是击垮人心志的利刃，但是只要我们有试错的勇气，有重新启程的信念，就能在失败中生出坚毅的翅膀，带着我们跨越障碍，直抵晴空万里。

　　错误和失败难以避免，我们要为自己预留试错的成本，以坦然的心态面对困境。当我们有计划、有目的地前行时，就能像苏秦苦读研学那样，不被外界困扰，避开情绪的陷阱，以客观、理性的态度权衡当下，做出对自己最有利的判断。

二 张仪：内心坚定的秦国国相

张仪是鬼谷子门下的杰出弟子，在苏秦成功联合六国构建合纵联盟之际，张仪则以其非凡的智慧，助力秦国构建起连横策略，从而被秦王赏识并擢升为丞相。

张仪出身贫寒，但非常热爱学习，他以替别人抄书为生。后来张仪和苏秦一同拜在战国时期著名纵横家鬼谷子门下，学习纵横捭阖之术。学成之后，苏秦游说各国，创建了合纵联盟，佩戴六国相印，好不威风。

而此时的张仪学成之后回到魏国，本来想替魏王效力，可是魏王拒绝了他，于是他就带着妻子投奔到楚国国相昭阳那里做门客。

后来张仪的一次经历，彻底改变了他的命运。

《史记》记载，张仪曾跟着国相昭阳参加宴会，但是，那次宴会之后，国相心爱的玉佩丢失了，那是国相非常喜欢的玉佩。因为张仪家境贫寒，国相就怀疑是他偷的。于是，就对张仪一顿拷打，可是张仪坚持自己是清白的，况且国相也确实没有搜出玉佩，所以就把张仪放了。

张仪忍着伤痛回到家里，他的妻子埋怨道："你要是不到处游说，哪会受今天这样的苦！"

"你看我的舌头在不在？"张仪连忙问道。

"在呀。"妻子的回答安定了张仪的心。这个时候的张仪反而更加坚定，他相信只要自己还能说话，就能继续游说之路，也必能建立一番丰功伟绩。

面对如此羞辱，常人难免心生沮丧，但胸怀壮志的张仪却并未过于在意，反而深思如何加速达成个人理想。

当时，苏秦刚刚建立合纵联盟，张仪就想着破解这个联盟，于是他就去了秦国。此时的秦惠文王正在为合纵联盟的事情犯难，听了张仪破解合纵的连横术，不禁眉开眼笑，连声说好。

秦国军队先是集中优势兵力，迅速攻占了魏国的蒲阳，随后却出人意料地将此地归还给了魏国。此举令魏国上下困惑不解，纷纷揣测秦国的真实意图。此时，张仪向魏国国君进言："魏国与大秦相隔如此之近，一个清早的工夫大秦就占领了魏国的一个城池，而东方六国相隔如此远，想救也来不及。魏国若选择与秦国为敌，与六国为盟，这样的战略布局岂不是很危险吗？"

魏国国君默默听着，觉得有道理。

张仪见状说："那些搞合纵的国家没有几个是真心对你好的。今天秦国攻占你的蒲阳，又归还于你，本意是想与魏国和好啊。这个好机会，可不要错过啊！"魏王听后觉得句句在理，心中豁然开朗，于是背弃了与诸国的合纵联盟，转而与秦国握手言和。

随后，张仪来到了韩国，对韩国国君说："秦国兵强马壮，士兵有百万之众，战马上万匹。秦国士兵作战勇猛，不畏生死。而韩国小国寡民，士兵数量远不如秦国。再说，推行合纵之术的人就是为了封侯的，大王可不要听信这些花言巧语呀。"

韩国国君听了张仪的话，觉得很有道理，便与秦国和好了。

张仪说服了韩国后，转而使用一个计策，使得楚国和齐国都相继与秦国和好。

张仪到了楚国，一见面就对楚怀王说："大王，秦王为了与楚国和好，特意献上六百里土地给大王。但条件是楚国必须与齐国断绝往来。"

楚怀王一听，高兴得很，然而朝中有大臣阻止这件事，认为秦国是不怀好意，但是楚怀王却觉得这是一件美事。他就写信给齐国国君，废除了楚国和齐国的盟约。为了讨好秦国，楚怀王还派人手持符节前往齐国，羞辱齐王。此举令齐王大怒，愤然宣布与楚国断交。

后来张仪又去了赵国，对赵王说："现在楚国和齐国都已经与秦国联盟了。韩国和魏国也已经臣服于秦国了。如果秦国与这四国联合攻打赵国，那赵国该怎么办呢？"

赵王无奈，只能说："当年年轻，受了苏秦的迷惑。现在甘愿割地，侍奉秦国。"

最后一个国家是燕国，张仪凭借如簧巧舌让燕国奉事秦国，并奉上五座城池。

至此，合纵之术被张仪完全破解。在战国纵横捭阖的棋局上，张仪以三寸不烂之舌搅动列国风云。以"连横"之策破解东方六国"合纵"抗秦的包围网，展现的不仅是超凡的辩才，更是一个战略家对天下大势的精准把握。秦惠文王的知遇之恩固然可贵，但真正让张仪在史册留名的，是其身处乱世仍能保持"虽千万人吾往矣"的坚定信念。

勇面挑战，勿因胆怯辜负年华

人生路上，谁不曾遭遇不公与冤屈？有人困于流言畏缩不前，有人囿于挫败画地为牢。但看看张仪的选择：受辱时不辩一时清白，而是裹伤起身，以更缜密的谋划向天下证明价值；失意时不叹命运苦待，而是借势造势，在列国棋局中落下关键一子。史书说他"一怒而诸侯惧，安居而天下熄"，这份力量不靠天赐，恰来自低谷时的自我淬炼。

当你在生活的泥泞中挣扎时，请记得那个背负污名依然前行的身影——人生最大的遗憾，不是前路坎坷，而是因胆怯掩埋了内心的光芒。与其在长夜中数算伤痕，不如学张仪点一盏灯：看清手中筹码，辨明前行方向，然后带着伤疤去追赶下一个日出。毕竟，能定义我们人生的，从来不是命运给予什么，而是选择以何种姿态接过命运递来的剑。

修炼强大的精神内核，不畏人生风雨

翻开《战国策》的竹简细看，张仪曾在魏国被逐出朝堂，在楚国受笞刑濒死，甚至被赵国孩童掷石讥笑为"巧言败国者"。正是这些看似偏离轨迹的曲折，最终铸就了连横破纵的惊世手笔。在追求梦想的路上，我们难免会遇到挫折与坎坷，这些时刻，自怜、自疑、自哀等情绪或许会悄然滋生。但请记得，这些情绪是人类情感的自然流露，它们可以存在，但关键在于我们如何妥善应对，不让它们成为前行的绊脚石。

强大的精神内核是抵御人生风雨的坚固盾牌。训练并强化自己的精神内核，使之在挑战面前依然坚不可摧，这无疑是成功之路上不可或缺的一课。我们不应抗拒这一过程，而应学会接纳自己的不完美，从中汲取力量，坦然成长。这，正是强者所应具备的思维方式。

三 孙膑：装疯卖傻，成功逆袭

孙膑，中国历史上杰出的兵家，唐德宗时位列武成王庙64将之一，宋徽宗时位列宋武庙72将之一。他的人生历程波澜壮阔，经受了常人难以想象的磨难与屈辱。命运给予这位兵圣最残酷的试炼，也馈赠了最璀璨的涅槃。

《史记》记载，孙膑与庞涓早年同窗共读，尽管庞涓勤奋刻苦，却始终难以超越孙膑的才华。庞涓虽表面上不露声色，但内心深处却对孙膑的卓越才能充满了嫉妒之情。

之后，庞涓先于孙膑完成学业，便提前出师下山了。当时，庞涓见魏国正在招募人才，他就应征到魏国。因为他才华出众，所以被魏王封为将领。庞涓入仕魏国后，替魏国打了不少胜仗。渐渐地，庞涓得到了魏王的赏识，被封的官爵也越来越高。

此刻，孙膑尚未崭露头角，而庞涓已深知孙膑的才能远胜自己，且孙膑身为齐国人，其卓越能力势必会使他成为齐国重臣。鉴于近年来齐国与魏国间的持续冲突，庞涓深知，若与孙膑交锋，自己绝无胜算。届时，他在魏国所享有的显赫地位与丰厚待遇，恐怕将会化为乌有。

想到这里，庞涓决定先下手为强。于是他派遣使者前往邀请孙膑至魏国担任官职，并向其郑重承诺，定会将孙膑引荐给魏王，以表其诚意。孙膑闻讯，满心欢喜地接受了庞涓的盛情邀请，未曾料想，这背后竟隐藏着一个精心布置的陷阱。

到了魏国之后，庞涓开始还对孙膑好生款待，然后就让孙膑耐心地等待魏王召见。可是等了好久，也不见魏王传唤。直到突然有一天，一群魏国士兵闯进孙膑住处，说他是齐国的奸细，把他抓进了监狱。在监狱里，孙膑受到各种严刑拷打。他先是经历了膑足之痛，膝盖骨被无情地剜去，使他再也无法站立。接着，他又遭受了黥面之辱，脸上被刻下了无法抹去的耻辱印记。日复一日，孙膑在监狱中饱受折磨，身心俱疲。他不断被审问是否为齐国奸细，而他却对此一无所知，心中充满了困惑与不解。他不知道为何自己会遭受如此待遇，更不知道自己的未来将会如何。

其实，这是庞涓对孙膑的一次狠毒陷害。他恶意编造孙膑为齐国内应的谎言，并在魏王面前大肆渲染，使魏王误信其言，最终导致孙膑无辜入狱。尤为令人痛心的是，孙膑在狱中对此一无所知，他始终将庞涓视为至交好友，深信其会出手相助。因为庞涓也曾亲自前往狱中探望，并假意承诺会设法解救，此举使得孙膑完全陷入了其精心设计的陷阱之中，他满怀期待地等待着庞涓的救援，却不知正是庞涓亲手将他推向了深渊。

直至一日，庞涓麾下的一位亲信向孙膑透露，他所经历的种种磨难，实则是庞涓一手策划的，这一刻，孙膑才恍然大悟。

为了活下去，孙膑开始装疯卖傻。他不再吃碗里的饭，而是去捡地上的东西吃。庞涓见状，以为孙膑真的疯了，便任由他自生自灭。

人们常说，有大成就者必有大磨难。当人生遭遇难以承受的灭顶之灾时，是选择死亡还是活下去，完全取决于当事人的心智和意念。孙膑一直装疯卖傻，虽然内心无比煎熬，但他始终在等待一个逃出魏国的机会。

终于有一天，齐国派使者到魏国来谈判议和。孙膑得知这个消息后，趁夜晚看守不在的空当，一路跪着爬行到齐国使者所在的地方。当他看到齐国使者时，立刻向对方诉说了自己所遭受的冤屈，并恳求使者把自己带走。齐国使者见孙膑谈吐不凡，料定他是一位有才华的人，加上他本就是齐国的子民，使者毫不犹豫地答应了孙膑的请求，决定助他一臂之力，重返齐国。

孙膑在魏国所经历的无疑是飞来横祸，仅仅因为自己有才华便遭到了同窗的嫉妒与残害，导致身体残疾，面容尽毁。如此深重的冤屈，足以击垮大多数人的精神与意志。然而，孙膑并未选择放弃生命，他通过装疯卖傻的方式，忍辱负重地生存下来，因为他深知，唯有活着才有希望，才能等待转机！所以，不论发生何等难以承受之事，我们都要一次又一次，不断给予生命以希望，因为生命虽脆弱却又很坚韧，只要活着，就有翻盘的机会。

孙膑安全抵达齐国后，投奔到了大将田忌的门下。尽管他满腹经纶，但由于身有残疾，田忌并未给予他足够的重视，这一点孙膑心里非常清楚。然而，他更明白的是，要想立身扬名、成功复仇，就必须得到齐国国君齐威王的支持。于是，孙膑开始了耐心的等待，幸运的是，机会终于被他等来了。

大将田忌在与齐威王赛马时输了，心中颇为不快。孙膑见状，觉得机会来了，便对田忌说：“你可以用你的下等马对齐王的上等马，用上等马对齐王的中等马，再用中等马对齐王的下等马。”果然，田忌按照孙膑的策略进行比赛，最终取得了胜利，这就是著名的田忌赛马的故事。田忌深感孙膑的才智过人，于是将他推荐给齐威王。

就这样，孙膑凭借着自己的聪明才智，为自己精心策划了一次见到齐威王的机会。这次机会不仅让孙膑得到了齐威王的赏识，更为他日后的流芳千古奠定了坚实的基础。

不得不说，孙膑的内心是坚不可摧的。支撑他活下去的动力，绝不仅仅是仇恨，还有他坚定的信念。倘若没有拼命向齐国使者求助，他可能早已像一个无名之辈一样死去。倘若他不懂得凭借才华赢得齐威王的赏识，他也无法获得为自己复仇的机会和实力。在当代社会的职场生活中，当我们羽翼尚未丰满时，应当像孙膑一样，学会借助东风之力，拥有“结交”贵人的心智。这不仅是强者处于弱势地位时的有效策略，更是我们实现个人成长和成功的重要途径。

孙膑在受到齐威王的重用后，终于迎来了与庞涓对阵的战役。这场战役便是历史上著名的围魏救赵之战。

当时，魏王派遣庞涓为主将，率领大军攻打赵国。庞涓势如破竹，直捣赵国首都邯郸。赵国危急之下，急忙向齐国求救。齐国随即命田忌为主帅，孙膑为军师，率军前往救援。

当田忌的大军行至半途时，便传来了魏军攻破赵国的消息。田忌欲继续赶往赵国，与庞涓决一死战。然而，孙膑却认为此时魏国士兵气势正盛，而齐国军队则长途跋涉，疲惫不堪，于我方极为不利。因此，孙膑建议田忌改变策略，带领兵马围困魏国都城大梁，而他则亲自率领一支精兵埋伏在邯郸至大梁的必经之路桂陵。

果然，当庞涓得知大梁被围困后，急忙从邯郸撤兵回援。在回援的路上，庞涓中了孙膑的埋伏，被一举击败。

孙膑凭借着自己的忍耐和才华，巧妙地避开了命运的锋芒。他的经历向我们揭示了一个深刻的人生道理：当生命中的贵人出现时，我们要学会主动出击，制造机会，并借助贵人的力量来实现自己的目标。因为人在低谷期时，机会往往稀少而珍贵，一旦遇到，就必须全力以赴地把握住！

请学会忍耐黎明前的黑暗

在现代社会生活中，虽然人们不会像孙膑那样遭受极端的苦难，但每个人都会有自己的痛苦。痛苦往往意味着改变与重生的机会，然而，它也是我们本能对新成长的自然抵触所在。我们之所以抵触痛苦，不愿改变，往往是因为缺乏自信，不确定在经历极夜般的困境后，是否能迎来破晓的曙光。但生命的进程总是向前推进，朝阳也总会照常升起。

因此，我们不应畏惧改变，而应自信地面对它。因为极夜过后，那个更加坚韧、更加成熟的自己，正是我们应当追求和成为的样子。是选择像孙膑一样，在困境中坚持自我，突破重围，最终迎来机遇和重生；还是选择沉沦在痛苦中，最终只能默默无闻？孙膑选择了前者，是因为他坚信自己能够战胜困难，迎来新生。他做到了，而我们也应该怀揣着这样的信念，相信自己能变得更好，然后勇敢地迈出改变的步伐，去迎接属于自己的朝阳！

好命运是创造出来的

孙膑初出茅庐时的运气可谓是差到极点，他受尽冤屈，几乎丧命，但最终却活出了截然不同的好命运。在生死攸关之际，思想上哪怕是最微小的一点积极改变，都可能成为解决最严重问题的关键。孙膑之所以能够改写命运，正是因为他在关键时刻，主动创造了生命向好的可能性。

没有天生的好命，也没有命中注定的绝境，万事万物都可以随着我们的心境而改变。因此，我们应该做个勇于创造、积极面对的人，不做怨天尤人、消极等待的人。路就在我们的脚下，命运就掌握在自己手中！

四　孙武：杀伐果断，得到君王赏识

在中国古代兵家历史上，有一位了不起的人物。他不仅善于征战，还留下了一部奇书——《孙子兵法》。这位伟大的人物就是历史上著名的军事家孙武。

孙武出生于齐国的一个士大夫家庭，早年接受了良好的教育。然而，那时的齐国正陷入严重的内乱，矛盾重重。孙武不想被卷入其中，于是离开齐国，前往吴国。

抵达吴国后，孙武并未立即面见吴王，而是选择隐居起来，潜心著书立说。他结合自己的研究与前人的智慧，撰写出了著名的《孙子兵法》。

相传，吴王阖闾刚刚即位时，野心勃勃，渴望成为春秋霸主，但一直缺少一位出色的统兵将领。恰好，吴国大臣伍子胥与孙武已结为好友，于是伍子胥向吴王推荐了孙武。

伍子胥在吴王阖闾面前极力夸赞孙武，称其精通谋略和兵法，并著有兵法十三篇，是不可多得的将才。然而，吴王阖闾初时对孙武并不以为意，但耐不住伍子胥的反复推荐，最终决定给孙武一次机会，亲自面见。

在吴国王宫中，吴王阖闾翻阅了孙武所著的兵法，心中仍存疑虑，怀疑孙武是否真有实才。于是，他决定试探一番。

吴王试探性地问孙武："你的兵法写得很好，但你能否指挥小规模的作战部队呢？"孙武毫不犹豫地回答："可以。"吴王又指着王宫中的女子说："那你能否指挥她们进行操练？"孙武依旧毫不犹豫地答应了。

于是，吴王集结了王宫中的近两百名女子，交由孙武全权指挥。孙武将她们分成两队，分别委任吴王最为宠爱的两位爱妃担任两队的队长。然而，这些习惯于宫中奢华生活的妃子们，对孙武的部署与指挥显得极为不屑，对下达的命令置若未闻。

孙武不厌其烦地教导这些宫女基础的训练步骤，但她们仍旧嬉戏打闹，完全忽视孙武的权威与命令。目睹此景，孙武决定采取更为严厉的手段来纠正这种风气。

他命人将斧子和钺等刑具摆了出来，但宫女们仍未觉察到事情的严重性，依旧对孙武说笑取乐。孙武严肃地对吴王和宫女们说："下属不遵守纪律和命令，是因为纪律不清、命令不熟，这是我的错。"他再次发号施令，但宫女们仍然觉得好笑，不明白这正是在进行作战演练。

吴王在一旁观看，认为孙武不过是一个只会空谈的读书人。然而，就在这时，孙武果断地说道："起先纪律和号令不清楚，是我的错。现在纪律和号令都清楚明白，而士兵仍旧不执行，那就是部下的错。来人啊，将这两个妃子拉下去处以军法。"

孙武话音刚落，全场一片寂静。宫女们终于意识到孙武是来真格的。吴王急忙向孙武求情，希望他能网开一面，但孙武以军令如山、不可违抗为由，拒绝了吴王的求情。最终，这两位妃子被当众斩首。

其他宫女看到这两位妃子的惨状，再也不敢有丝毫懈怠。无论听到什么命令，她们都认真执行，没有一人再把孙武的命令当儿戏。

吴王虽然心痛失去了两位妃子，但为了自己的春秋霸业，他还是接受了孙武。孙武以坚定的作战态度和原则，推翻了吴王对读书人的刻板认知。他用实际行动证明了自己若成为将领，定能以国家兴亡为己任。这样的特质正是吴王所欣赏和看重的。

或许有人认为孙武的惩罚过重，但在那个时代背景下，他只有这一次见吴王的机会。他必须全力以赴，以打动吴王。从个人角度而言，他的做法也无可厚非。他用自己的行动和决心赢得了吴王的信任和尊重，最终得以在吴国施展才华、实现理想抱负。

孙武"面试"成功的故事足以给后世的我们一个启示：当我们遇到偏见时，如果只有一次改变现状的机会，那么能帮助我们突破困境的，唯有我们的专业能力与品行原则。因为所有明智的领导都会选择那些既有品行，又有才华的人。毕竟，品行如同保险，为才华提供坚实的后盾；而才华则是生产力，推动事业不断前行。

在之后的日子里，孙武一直协助吴王阖闾征战沙场，尤其是对楚国的征伐。吴王一直梦想着取代楚国的霸主地位，但苦于没有出色的将领。孙武的出现，让吴王终于看到了希望，决定放手一搏。

吴王先是派孙武灭掉了楚国旁边的两个小国，之后还想趁机一举拿下楚国。然而，孙武却劝谏道："我们已经接连灭掉两个国家，实力需要恢复，此时不宜再发动大规模战争。"吴王觉得孙武说得很有道理，便采纳了他的建议。但吴王并未放弃进攻楚国的念头，仍然梦想着称霸天下。

数年后，楚国攻打蔡国，蔡国急忙向吴国求救。同时，素来仇恨楚国的唐国也表示愿意和吴国共同抗击楚国。这无疑是吴国称霸的绝佳机会，吴王果断派孙武率兵出征。尽管吴国兵力只有三万，而楚国军队多达二十余万，然而，孙武凭借巧妙的计谋，以少胜多，赢得了这场战争的胜利，史称柏举之战。经此战役之后，吴国的地位更高了，孙武也因此一战成名。

回想起和孙武第一次见面时的情景，吴王或许怎么也不会想到会有如今这样双赢的局面。但那时孙武心中一定有着清晰的预见，这就是吴国和他的未来。所以说，遭遇挫折之后，千万不要轻易放弃自己。坚持到底，机会来时果断出击，或许成功之门就在这一刻正式开启。

经得住考验，是变强的必由之路

没有轻而易举的成功，一个人想要变强就要接受考验。在考验中，激发内在的战斗力，调动自己的全部能量去应对挑战，直至成功。这是每一个成年人必须学会的事情，因为成年后的人生路只能依靠自己。

伍子胥引荐孙武面见吴王是一次难能可贵的机会，因为吴王本身对孙武就有偏见。而孙武全力以赴面对考验最终取得了理想的结果，可以看出他坚定的意志力和舍我其谁的决心。当我们遇到同样的境遇时，请不要怯场，奋力一搏去抓住这仅有的机会吧。只有能经得住生命的历练，才能拥有那光明而美好的前程。

懂得延迟满足不是坏事

在"活在当下，及时行乐"的观念盛行的当下，或许我们可以思考延迟满足的益处。吴王一心想称霸四方，但多次被孙武劝谏要耐心等待时机，虽然晚了许多年，却终如愿以偿。如果他不听孙武的建议，恐怕早就被敌国所灭。

所以，我们当代人也应当学习这种理念以经营人生与事业。毕竟，在实力尚浅、机遇未至之时，唯有脚踏实地、稳扎稳打，一步步向目标迈进，才能稳操胜券。

五 郭子仪：居功不自傲，君王也钦佩

公元755年，安史之乱爆发，盛唐气象如碎玉坠地，却有一位老臣以数年血战缝合了帝国的伤口。他以武举出身拜将，又以不世军功封王；手握天下兵权，却能在权谋旋涡中全身而退。他就是唐朝的中兴名将郭子仪。

郭子仪生于大唐武则天当政时期，家境优渥，从小就开始读书学习。之后，郭子仪通过了武举人考试，因为成绩优异，顺利进入军队开始了他的军旅生涯。

在军队中，郭子仪勇猛能干，从普通的士兵一步步攀升到高级军官的位置。随着安史之乱的爆发，郭子仪被推到了历史的前台。作为李唐帝国的捍卫者，他英勇作战，打击叛军，收复失地，展现了老当益壮的风采。正是因为他和其他将领的英勇作战，李唐王朝才得以保全。郭子仪因此军功卓著，被封侯拜将。

而这个时候，郭子仪的危机也来了。这是许多有功之臣都会面临的危机。但幸运的是，"狡兔死走狗烹"的结局并没有发生在郭子仪身上。这是因为郭子仪是一个从来都不居功自傲的人。无论他的军功有多大，他始终都有谦恭谨慎的大智慧。

　　所以，无论是官场还是职场上，一个人想要建功立业，首先就要做到不能居功自傲。倘若刚做出点成绩就开始骄傲自满，那么好日子也无法长久了。

　　现在仍然流传在民间的故事，就表现了郭子仪不居功自傲的好秉性。

　　郭子仪的儿子郭暧娶了皇帝的女儿升平公主。一次，两人发生争执，郭暧情绪激动地说："你仗着你爹是皇帝就欺负人。我爹要是想当皇帝，哪轮得到你爹！"升平公主一听，便哭哭啼啼地跑回娘家向唐代宗告状。唐代宗心里明白，凭借郭子仪的军功和威望，他若想当皇帝并非难事，但郭子仪是个不贪权的人，并无逆反之心，所以并未在意。但郭子仪得知此事后，急忙将郭暧绑起来，进宫向唐代宗谢罪。而唐代宗则认为这只是小夫妻间的争吵，并未深究。

　　如果这件事就这么结束，或许会为郭子仪埋下祸根。但接下来发生的事情，展现了郭子仪作为成熟政治家的智慧，也让后人明白了他为何能得以善终。

　　这件事发生不久后，郭子仪父亲的坟墓被人挖了，且久查无果，于是有人猜测是唐代宗派人挖的。这一猜测源于郭暧之前的那句气话，说他的父亲也能当皇帝。

此时，整个朝野都在议论此事，大家都在等待郭子仪如何应对这奇耻大辱。因为郭子仪手握重权，如果他采取报复行动，后果将不堪设想。然而，当唐代宗问起此事时，郭子仪却哭着说："这都是老天爷对我的报应。之前打仗时，我没能约束好士兵，让他们挖了别人家的坟墓，现在报应来了。这是我一个人的事，与他人无关。"听到这样的回答，唐代宗放心了，整个朝野也平静了下来。

正是郭子仪的政治智慧和宽广胸怀救了他自己。若是换作他人，或许早已引发一场血雨腥风。

纵观郭子仪的一生，我们不得不感慨：人须有一身正气，才能无往而不利。因此，"权倾天下而朝不忌，功盖一代而主不疑"是对郭子仪最好的历史评价。

情商高的人，才是人生赢家

郭子仪凭借其卓越的情商，不仅功勋卓著而不震主，更享尽福禄寿之全。他能在皇帝与同僚间游刃有余地周旋，离不开高超的情商。在现代职场生活中，这一道理同样适用：若智商是职场入门的钥匙，那么情商则决定了职场生涯的深度与广度。

因此，我们有必要努力并提升自身的情商，较高的情商能帮助我们跨越职场中的重重障碍，避免不必要的灾祸。运用高情商以柔克刚，化解难题，这是工作生活中的大智慧，也是我们现代人应当努力掌握的重要人生技能。

宽厚仁德，方能长久

以宽宏大量的仁德之心去对待他人，便能营造出一种温馨和谐的氛围，这种氛围能够唤醒他人内心深处的善意，促使他们以友善而非敌对的心态与我们和谐共处。

人生在世，减少一个敌人，往往就意味着少了一重阻碍。我们应当学会磨平性格中的棱角，以宽厚仁德之心去待人接物。若我们一味追求个人的心理满足，过分强调张扬个性，最终只会自找麻烦，这些"人为"的障碍将会阻碍我们前进。

因此，要想在人生的旅途中长久顺遂，就应从改变自身个性做起，以宽厚仁德之心去对待每一个人。这样，我们也将得到上天的眷顾与宽待。

六　伊尹：从厨师到国相的华丽转身

在商朝有这样一位股肱之臣，他辅佐了五代商朝国君，功勋卓著。此人出身卑微，却怀揣着智慧与仁爱之心，他就是商汤的国相——伊尹。

或许有人会心生疑惑，在商朝那个奴隶制盛行的年代，一个出身卑微的人如何能够逆袭成为国家的重臣？然而，伊尹正是那个实现了从奴隶到重臣华丽转身的传奇人物。他父亲是位奴隶厨师，母亲则是一位养蚕的奴隶。在父亲的悉心教导下，伊尹自幼便掌握了烹饪技艺，加之他勤奋好学，终使烹饪技艺达到了炉火纯青之境。

然而，伊尹的非凡之处远不止于此。他虽身为奴隶，却胸怀大志，内心充满了对仁爱与和平的渴望。面对夏桀的残暴统治，他勇敢地站了出来，立志要推翻这黑暗的政权，为天下苍生带来安宁。为此，他深入研究古代圣君虞舜的治国之道，不断充实自己，以期有朝一日能为推翻夏桀贡献自己的力量。

人一旦有了追求，就会拥有想要改变的原动力。伊尹正是如此，他坚持着自己的理想追求，并以踏踏实实的行动一步一步往下走，最终成为辅佐商汤的一代名相。可见，人的起点固然重要，但更为重要的是愿不愿意有所改变，而且这种改变不是想想而已，应是真真切切行动在每一天。

当今社会竞争激烈，但仍有翻转命运的机会。若欲改写人生轨迹，则需以实实在在的行动为基石。否则，所有的设想都不过是空中楼阁，难以触及。因此，想要蜕变，就必须毅然决然地行动起来，并竭尽所能，不遗余力地付诸实践。

那么，伊尹是如何帮助商汤推翻夏桀统治的呢？

当伊尹钻研了古代虞舜之道后，他知道该是实践的时候了。起初，他觉得有莘国的国君是个了不起的人物，可以说服他一起推翻夏桀的统治。于是，伊尹就主动来到有莘国国君身边做了一名厨师。有莘国国君见伊尹烹饪水平很高，还很有见识，于是，就升了伊尹的职位。然而，伊尹在与有莘国国君相处中发现，有莘国国君并非推翻夏桀的合适人选。因为他与夏桀有血缘关系，再加上有莘国实在太小，要想推翻夏朝国力实在不足。伊尹只得及时止损，放弃计划。

尽管第一次实践失败了，但是身为厨师的伊尹却怀揣着推翻夏桀的大胆志向，这不禁让人刮目相看。在那个等级森严的时代，伊尹的故事告诉我们：只要心存高远志向，且能够用行动为理想买单，那人生的走势也必然有所改变。

就在伊尹陷入迷茫之时，有一个消息让他振奋不已。原来，有莘国国君的女儿要嫁给商国国君商汤为妃了。这商汤系出名门，有仁有爱，德行兼备。伊尹顿时感觉自己的机会来了。于是，他请求有莘国国君让自己作为陪嫁的奴隶，一起到商国去。有莘国国君觉得伊尹做事牢靠，于是就爽快地答应了。

就这样，伊尹来到了商国，他被安排给商汤做厨师。如此一来，伊尹就会有机会与商汤见面了。

在这里不得不佩服伊尹敢想敢做的精神，他能灵活把握机会，锲而不舍地追求心中的理想。同样，当我们资源匮乏时，就要因势利导，看见机会就主动把握，直至达成目标。

相传，有一次，伊尹为商汤烹制了他最拿手的一道羹汤。商汤品尝后，觉得异常甘美，于是传召伊尹进宫面见。商汤好奇地问道："你这羹汤究竟是如何烹制的，竟如此美味？"

伊尹回答道："烹饪的关键在于火候的掌握，以及五味的调和。适当的火候可以去除食材的异味，而适量的作料则能让各种味道相互融合，使食物更加甘美。"

商汤一边点头赞同，一边认真倾听。

伊尹接着话锋一转，说道："其实，烹饪与治理国家有着异曲同工之妙。治理国家也需要注重调和各种势力，协调各方关系。就像烹饪时，各种作料搭配得当，食物才会美味可口。同样，一个国家如果内部和睦，百姓和谐，那么这个国家就能得到良好的治理。"

伊尹进一步阐述道："治大国若烹小鲜，火候和水质至关重要，五味也要调和得恰到好处。爆炒如同使用武力迅速解决问题，而慢炖则如同耐心地治理国家。文臣武将就像烹饪中的作料，国君则如同厨师。文臣武将运用得当，则国家昌盛；运用不当，则成为国家的累赘。"

商汤对伊尹的这番谈话深表赞同，并进一步问道："若是一个国家贼寇猖獗，这是国君的过失，还是百姓的过失呢？"

伊尹回答道："这既不是国君的过失，也不是百姓的过失。一个国家如果得到良好的治理，贼寇自然会消失，世道也会安定。反之，如果国家治理不善，贼寇就会越发猖獗，世道也会越来越乱。"

经过这次特别的交谈，商汤深感伊尹是自己的知己，大有相见恨晚之感。而这场交谈也改变了伊尹的命运——他被商汤封为国相，并解除了奴隶身份。最终，伊尹联合仲虺辅佐商汤推翻了夏朝。

伊尹从奴隶到丞相的命运翻转充满了传奇色彩，令人羡慕不已。我们无法决定自己的出身和家庭背景，但我们可以凭借自己的力量改变自己的命运。与其抱怨命运的不公，不如勇敢地面对命运，以积极的态度和行动去创造属于自己的精彩人生。

不要成为自己命运的囚徒

不要害怕命运的恐吓，不要畏惧命运的不公，更不应成为自己命运的囚徒。面对命运的任何挑战，我们都应以积极的心态和正向的行动去应对，这才是强者应有的姿态。

每个人的出身、地位和家世各不相同，但在生死面前，每个人都是平等的。在这近百年的时光里，我们不过是沧海一粟。因此，当我们心怀梦想时，不妨放手一搏；当我们渴望改变命运时，又何必畏首畏尾！

愿我们每一个平凡人都能在不平凡的理想中，勇于超越人生的藩篱，拥抱属于我们的高光时刻。以不屈不挠的精神奋力一搏，只为不虚度这宝贵的年华，不辜负这精彩的一生！

相信自己有条件掌握人生

是像浮萍一样被命运带动着随波逐流，还是主动地掌舵自己的人生方向？俗话说："三分天注定，七分靠打拼。"这就意味着，在人生面前，命运敌不过人的意志力和行动力。我们要相信自己有条件掌握自己的人生，也应当主动地规划人生航线，自信地掌舵未来。

学会肯定自我，是掌握自己人生的第一步。我们要以客观的角度看到自己的长处和优点，并能大胆放心地使用自己的才华和其他条件，创造自己的未来。当我们可以掌握人生的主动权时，就能打破命运的禁锢，以自己的意愿创造全新的未来，从而书写下更加辉煌的人生篇章。

第六章

坚守道德底线，
君子须取财有道

强者赢在行动力上

端木子贡："儒商鼻祖"，言必信，行必果

在"孔门十哲"中，有一个人尤其与众不同。他不仅尊师重道，是孔子的得意门生；而且还善于营销经商，在史籍上被称为"儒商鼻祖"。他就是历史上有名的儒商——端木子贡。

端木子贡是春秋时期卫国人，复姓端木。十八岁那年，他游学到鲁国，拜孔子为师。《论衡》记载，起初端木子贡自视甚高，认为自己学识不凡，甚至在某些方面超过了孔子。跟着孔子学习一年后，他依然觉得自己跟孔子的学问差不多。后来，他又跟着孔子一年，这才感到孔子的智慧实在深邃无比，于是决心长期追随孔子，虚心求教。

子贡在经商前，先跟着孔子学会了做人。因为在子贡的观念里，一个商人经商的前提是要有仁义和忠信之心，除此之外，还要有广泛

的知识和社会阅历。

在跟着孔子学习了儒家学说后，子贡就将诚信作为立身之本，这也成了他之后的经商原则。他推行"言必信，行必果"，就是要以诚待人，说话算话，做事守信，这也是后人崇尚的经商之本。而这则名为"子贡问政"的教育故事也被收录在《论语》里。

子贡向孔子请教如何治理好一个国家。孔子回答说："只要有充足的粮食、强大的军备以及人民的信任，国家就可以治理好了。"

子贡进一步追问："如果迫不得已要去掉其中一个呢？"

孔子思考片刻后说："那就去掉军备吧。"

子贡继续追问："如果还需要再去掉一个，应该去掉哪一个呢？"

孔子坚定地说："去掉粮食也不能去掉人民的信任。因为一旦失去了人民的信任，国家就无法治理了。"

子贡得到了满意的答复后才停止了追问，这充分体现了他好学与探究的精神，以及对待学问的严谨态度。这一幕让我们仿佛看到了遥远的过去，古人对真理的渴求与执着。当然，子贡的提问技巧也值得我们借鉴。他通过层层递进、抽丝剥茧的方式，不断追寻问题的本质，从而精准地把握了治理国家的核心。

孔子时常向学生们传授致富的真谛，即勤劳、智慧、信誉与互利并重。基于此，子贡在孔子的悉心教导下，不仅掌握了"义在利先"的哲理，更深刻领悟到在万不得已之时，应勇于舍利取义的高尚品质。最终，在孔子的教诲与熏陶之下，子贡成长为一名儒商典范，在陪伴孔子周游列国的旅途中，他能够学以致用，充分展现了自己在赚钱方面的卓越天赋。

从子贡拜师孔子并一路追随其学习的历程中，我们不难发现，他是一位极具学习天赋且致力于将所学付诸实践的智者。在拜入孔子门下之初，子贡并未盲目遵从孔子的每一句话，而是在与孔子的日渐相处中，逐渐被孔子的渊博学识所折服。这并非意味着子贡对孔子缺乏尊重，反而说明他不盲目崇拜权威，拥有独立思考精神与自主判断能力。

可以看出在子贡的潜意识里，他不会刻意给强者加上光环，他不畏惧权威，有自己的想法，且有独立思考的能力。他也不是一个只会纸上谈兵的人，他的思维是开阔的，他有将知识落地成财富的思维能力。

后来，因为孔子经常周游列国去推广自己的学说，所以子贡得以频繁地与各诸侯国的高层官员交往。他的口才与辩论能力十分出色，能够在更广阔的视野中洞察经济与政治的微妙联系，进而自然而然地实现其财富累积的目标。换言之，子贡擅长于商业领域的精准预测，同时他也巧妙地利用老师所构建的人际关系网络，从政治风云中敏锐地捕捉到商机。

相传，有一次子贡得到消息，听说吴国要派军队远征北方，这时他马上预测到吴国国内会缺少御寒的丝绵。因为现在的北方天寒地冻，吴王肯定会强征丝绵作为军需用品。这样一来，吴国国内的丝绵价格肯定会上涨。于是，子贡马上组织人员到鲁国各地收购丝绵，再快马加鞭地运到吴国出售，通过这种低买高卖的方式，子贡果然在吴国大赚一笔。

通过预测商业行情，抓住商业形势，子贡不停地在不同诸侯国之间低买高卖赚差价。在赚取丰厚利润的同时，子贡从来都没有忘记孔子的教导。因为孔子的一句诚信原则让他名扬四方，也是"言必信，行必果"让子贡学会了先要做一个诚实的人，再做一个会赚钱的商人。

当子贡积累了巨额的财富后，他没有选择独自享受。相反，他将自己赚取的大部分钱财用来周济穷苦的百姓了。这样广施恩泽、造福百姓的义举，也为子贡赢得了有仁爱之心的好名声。

子贡的赚钱方法完全不靠蛮力，因为他懂得做生意的本质。子贡通过可靠的消息来预测商业走向，而后再制定可行的赚钱计划，从而轻松赚到钱财，这样的商业模式至今仍占据主流。以此类推，对于从商者而言，要明白卖给谁、卖什么、什么时候去卖才是最重要的，至于怎么卖、谁来卖这些细枝末节的问题，都是其次。

子贡经商有自己的哲学与道理，他与富人打交道时从不卑躬屈膝，与穷人打交道时乐于慷慨相助。所以，无论是高高在上的君王，还是普普通通的百姓，无不赞美子贡的仁德。

然而，在子贡的心中，他的一切所得和现世成就，都离不开老师孔子的教诲。所以，在孔子逝世之后，当孔子的弟子都为其守孝三年时，唯有子贡为孔子守孝六年。

作为一代儒商鼻祖，端木子贡德才兼备，精通商道，让众多人仰慕。而子贡最令后世称道的并不是他所赚取的巨额财富，而是他对仁义的坚守，对诚信的践行。

站在巨人的肩膀上，我们可以走得更远。子贡在孔子的教诲下，完满实现了人生的价值。仰慕前人风范，方知路在何方。愿后世的我们都能学习子贡的精神，怀着儒家仁义忠信的博爱之心，立于世间。

以诚信立世，是做人的根本

诚信是个人品格的光辉，信誉则是团队生存与发展的基石。秉持诚信原则处理事务、与人交往，无疑能赢得广泛的赞誉与信赖，进而为自身铺设一条通往无限可能的道路。正如孔子对子贡说的话："言必信，行必果。"世间之人皆倾心于诚信之士，无论身处何种境遇，只要坚守诚信之心，终将得到命运的垂青，步入更加辽阔的人生舞台。

诚信，其意义远非简单的道德约束，而是深植于行事思维之中的底色。因此，我们务必珍视诚信的价值，它不仅是个人宝贵的财富，更是开启成功之门的钥匙，引领我们创造更多的价值。

在润泽万物的过程中形成财富

子贡"取之于世，用之于世"的财富观，很好地证明了钱财并不会在施与的过程中散尽，反而会因为善行义举而源源不断。在当代社会中，许多商人的财富观显得较为狭隘，他们只知道一味地积累财富，却不懂得回馈社会，这样的聚财方式往往难以持久。

其实，无论是财富还是能量的流动，都遵循着一定的规律。这些规律就像太阳照耀万物而不衰，泉水滋润万物而不竭一样。良性的能量传递能够支撑万物的生生不息，而给予能量者也必将受到天地的庇佑，难以衰败。因此，当一个人懂得在润泽万物的过程中创造财富时，他便领悟了真正的生财之道。这既是大智，也是大仁。

二　不必凡事较真，保持平常心

范蠡：富贵不炫耀，不争而常胜

说起中国古代商人始祖，最传奇的人物当数陶朱公范蠡了。他文能安邦治国，经商则可四方来财。

范蠡出生在楚国一个贫寒的家庭。在当时的楚国，如果一个人想做官的话，必须出身于士大夫阶层。但是范蠡出身寒微，无法在楚国发挥雄才大略。所以，范蠡就和好友文种一起离开了楚国，来到越国。在越国，他们幸运地遇到了慧眼识珠的勾践的父亲越王允常，其才华得到了充分的认可与赏识，于是范蠡与文种均被越王允常委以士大夫之重任。

后来，越国与吴国之间爆发冲突，遗憾的是，越国在这场战争中遭受了挫败。彼时，越国之君勾践深感痛心，几欲自绝于世。范蠡并

160

未因勾践之国破家亡而弃之不顾，反而给予他慰藉，并继续留在他的身边。范蠡不仅为勾践出谋划策，还积极投身于他的复国宏图之中。历经数年的屈辱与磨砺，勾践最终完成了那场艰巨的复国之战。

《史记》记载，勾践复国后，心中明白范蠡的贡献最大，于是想与他共享君权。可是，范蠡知道功成身退的道理，君权是万万不可能共享的。于是，范蠡便带着妻儿离开越国，到齐国去了。那么范蠡到了齐国做什么了呢？他去做了一名社会地位不高的商人。

至于范蠡为何要这样做，也许是因为他本身就是个不贪恋权力的人，当然，他的聪明之处也在于此。范蠡的确对勾践有大恩，但是伴君如伴虎，君权岂有共享之说？范蠡知道何时进，更明白何时退。他离开越国是明智之举，而且能够得到勾践的长久庇护和财力支持。如果他不知轻重接纳了共享君权，到后来只能引来杀身之祸。所以，君子有所为而有所不为，我们不论自己在职场中的功绩如何，都应该保持谦逊，不要试图和领导平起平坐，只有明白这个道理的人，才能走得长远，笑到最后。

范蠡到了齐国后，购置了一些土地。他和妻小亲自下地耕种，过着极为朴实的生活。除了种田，范蠡还经营渔业，并开垦盐田。范蠡为人非常热心肠，在收成不好的年份会减免佃农的地租，在灾年还会施粥赈灾。他仁义经商，时刻为他人着想，因此，不论在当时还是现在，他的善行都广受赞誉。

范蠡不仅德行高远，在商场上也是个宽容大度、有担当之人。他会与农民和商人签订商品合同，当合同到期需要交付产品时，若产品涨价了，范蠡便按照上涨后的价格收购；若产品跌价了，他依旧会坚守原定价格收购。范蠡这种从不让人吃亏的个性，为他赢得了四面八方的财源，全齐国的商人和农民都愿意与他合作。随着范蠡名气的日益增大，各国的商人也纷纷愿意与他往来共利。

不仅如此，范蠡在销售商品时更是尽显儒商风范。他奉行薄利多销的原则，宁愿自己少赚，也不坐地起价。随着时间的推移，范蠡的资产越积越多。

从士大夫到商人，范蠡的成功转型是他心胸宽广、仁义经商的善果。范蠡深知，做事先做人，经商亦是如此。只有人做好了，事情才会做好。这种利他的经商之道在当今生意场上也常被人推崇。毕竟，一个人的赢是短暂的，实现多方共赢才是长久之计。因此，我们在职场或创业路上，应把做人的道理渗透其中，明白共赢的优势，切勿因不舍小利而失了人心。

后来，范蠡的名声在齐国愈发响亮。齐国国君得知范蠡的经商义举后，便任命他为齐国宰相。这次，范蠡并未推辞，历经三年的宰相任期，将齐国治理得国富民强。大家都对范蠡的才智和德行赞不绝口。

然而，范蠡最终还是做出了与在越国时相同的选择，再次弃官而去。他深谙权术之争的残酷，明白不可久居高位，否则必遭祸殃的道理。于是，范蠡散尽家财给贫苦的人和好朋友，携家人定居到定陶去了。

其实，一个人对财富的看法，就可以体现一个人的人品。范蠡自己不贪图名利钱财，足以看出他是一个人品极佳的人。如果换作是别人的话，恐怕是很难舍弃这高高的官位和金玉满箱的富贵的。而范蠡懂得进退之道，也能看得透名利场背后的血腥与无情。他的放弃反而是另一种得到。

和范蠡一起闯天下的文种，在勾践复国后被委任高官，范蠡本来相约文种一起离开越国，但是文种不舍得离开，最终被勾践赐死。

不同选择造就不同的结局，范蠡活得相当清醒，如果他沉迷于身外之物，看不清局势，恐怕在齐国也是难以长久立足。范蠡的为官之道和经商之路同样给我们现代人带来了清晰直观的警醒：在没有地位背景的情况下，见好就收也是一种明智的选择。倘若过于执着于超出自己承载力的名利和财富，那灾祸恐怕也会不期而至。

范蠡定居定陶后，依然选择了从商。之所以迁移到定陶，是因为这里四通八达，在定陶这个地方做买卖一定可以赚到钱。于是，范蠡就和他的家人开始种地、养各种牲畜，并销售各类商品，不久之后，范蠡又积累了一大笔财富。值得一提的是，范蠡的经商之道一直未变：施惠于人，不与人计较；富贵不炫耀，保持平常心。

这就是范蠡的经商传奇，因其儒者仁心，他被后世尊称为"商圣"。解读范蠡的为商之道，我们或许可以悟出这个道理：取得薄利靠的是身体力行，而赚得厚利绝对离不开做人的智慧。

利他共赢，才能满载而归

得到是目的，但利他共赢则是加速达成目的的智慧之道。掌握与人分享的艺术，实为一种高深的智慧，正如范蠡在收购商品时所展现的利他精神，他虽舍弃了眼前的小利，却以仁义与信誉赢得了更广泛的人脉与长远的财富。若非其声名显赫，又怎能赢得齐国国君的赏识与重用？

因此，在工作与生活的各个领域，我们都应秉持利他之心，以更加广阔的视角去为人处世。摒弃短视的争强斗狠，不再为微小利益而斤斤计较。利他，往往也是利己的一种表现形式。

理智抉择，知进退者可完美谢幕

人心复杂，世道艰险，大多数人能共苦却难同甘。懂得进退者方能善终。倘若范蠡如文种一般，只贪图眼前的利益而忘却了立事之根本，即使他再聪明贤德，也难以落得个好下场。范蠡成功的关键，正在于他能够精准地把握进退的时机，在适当的时候潇洒离场，从而保全自己。

其实，在职场上摸爬滚打，我们也应当有这样的先见之明。特别是当我们无权无势，需借助他人之势扶摇而上时，更应当有自知之明，懂得见好就收。当我们拥有了明察人心、看透形势的智慧时，也就能更好地掌控自己的人生了。

三 商场如战场，谋划是关键

白圭：经商发财需善谋略

白圭，战国时期的杰出人物，曾在魏国政坛崭露头角，后因对官场腐败深恶痛绝，毅然决然地放弃了仕途，投身于商业洪流之中。白圭之所以能在商场中屹立不倒，关键在于他深谙"商场如战场"的哲理，强调在复杂多变的商业环境中，必须拥有随机应变的能力，如同兵法大家般巧妙运用策略与计谋。尤为重要的是，当面对稍纵即逝的良机时，他能够果断决策，毫不迟疑，这种魄力与智慧正是他成功的关键。

探索历史的智慧宝库，真理历经沧桑而流传不息，白圭的经商智慧跨越千年，至今仍熠熠生辉。在白圭的时代，众多商人热衷于追逐高利润的贵重商品，而他却独树一帜，专注于经营价格低廉的谷物，即"欲长钱，取下谷"的策略。他深知，谷物作为生活必需品，尽管单笔利润微薄，但市场需求巨大，交易量可观，通过薄利多销的方式，同样能够累积起可观的财富。因此，白圭将农产品及农村手工业原料等大宗贸易作为主营方向，展现了其独到的商业眼光与智慧。

从白圭的经营之路可以看出，做生意是不能过于从众的，需要智慧和谋划。如果人云亦云，就很容易淹没在商战的红海中。而白圭以自己的判断和谋划，探寻出了一条利民利己的生意路。

白圭的经商谋略远不止于此，他的经营原则可被奉为圭臬遵行，那就是"人弃我取，人取我与"。也就是说，在粮食收获的季节或者丰年，这时农民大量出售粮食，就能适时购入粮食，把一些手工制品出售给经济条件较为宽裕的农民；而当粮食歉收的时候，以适当的价格出售粮食，并收购滞销的手工制品。这种经营准则能够带来可观的利润。

据史料记载，有一年，商人们都在疯狂地抛售棉花。很多商人甚至不惜压低价格将棉花卖出。白圭见状，就开始大规模收购棉花。最后因为收购的棉花太多，白圭不得不租仓库囤置棉花。不久后，市面上开始流行卖皮毛。而白圭的仓库里正好有一批上好的皮毛。于是，白圭并没有等待价格继续上涨，而是直接出售，大赚了一笔。又过了一段时间，棉花歉收，市面上棉花紧缺，这时，白圭看准时机，将他之前收购并囤置的棉花统统出售，再次狠狠地大赚了一笔。

从白圭卖货的故事可以看出，白圭的生财之道就是以谋制胜，他的决定从来都不是简单的头脑发热，而是根据市场行情思考布局，拉长线去钓大鱼。这种善于谋略的经商方式至今还被后世商人借鉴沿用。可见，从商是需要战略性思考的。当所有人都在争夺眼前的蛋糕时，就可以把目光放得长远一点，反其道而行之，或许能带来更为丰厚的珍馐。

白圭在经商上还主张"乐观时变"，也就是根据商品市场，及时调整经营策略。白圭认为做买卖，就要懂得"知时"，也就是要发掘事物的内在规律，学会预测市场行情。因为只有心存先见，才能杜绝因为盲目决策造成损失的事情发生。

白圭不仅善于经商，而且还是一位有仁爱之心的人。白圭的经营准则中有一条叫作"人取我与"，"与"就是一种仁善的举措。比如，当市面上某些商品积压了，有些商人会等到价钱跌到最低时再收购，而这时候白圭却用相对较高的价格收购，不至于让那些商户亏损惨重；而当市面上粮食缺乏时，一些商人喜欢囤积居奇，坐地起价，而白圭却以比别人低廉的价格出售，不让百姓因为粮食价格太高而吃不起。白圭的经营方式得到了人们的称赞，白圭称这种经商方式为"仁术"。在白圭的心里，一个商人是要有仁心的，这是立业之根、经营之本。

白圭将仁义之心付诸商业经营之中，从此财运亨通，同时也收获了源源不断的赞誉和信赖。他以仁心从商的事迹，流传千年成为美谈。

确实，如果商家只为牟利而不讲道义，那么灰暗之事只会把世间搞得乌烟瘴气，那经商的意义又在哪里？这样的经商精神值得后世人反思，如果把自己的利益建立在他人之苦上，那这样的谋财之路也是谋杀别人幸福的路，不做也罢。

综观白圭的经商理念，他不仅让后世人学到了如何抓住时机，以谋略赚取财富，同时也向后人传递了更重要的商业经营价值观，那就是以仁德经商。

用好点子赚钱，让人生更轻松

在赚钱这件事情上，靠努力是必要的，但不是绝对的，因为好点子才是赚钱的金钥匙。不要惧怕赚钱这件事，也不要把赚钱当成一件难如登天的事，转念之间的一个好想法，或许就能帮助我们赚得人生的第一桶金。

看了很多圣人谋财的故事，我们也可以从中悟出一二。比如，利民之心，仁爱道义，把握时机，长线而渔，等等。我们应当暗示自己，身体再努力都无法打败头脑上的懒惰，若要取财有道，就要热爱思考。我们可以从人际交流中获取有用信息，从自身经历以及周围的人、事中汲取经验。当我们能够把思考放在首位时，就把握住了赚钱的秘诀。

商人重利，更要重义

在商品种类繁多、市场趋于饱和的现代商业社会中，企业注重道义也能成为商品脱颖而出的一大亮点。比如，那些关心民生、心系国家的大企业出售的商品，被很多国人托举而出。大家愿意买单并非仅仅因为这些商品包装最吸睛、广告最响亮，而是因为它们背后包含的人情味儿和道义精神让人动容。由此可以看出，经商时重视利益固然重要，但更应重视道义，因为道义的价值千金难买，更能抚慰人心。当商人能够把利国利民放在首位时，又何愁没有买卖可做、没有财富可得呢？

对于初入创业场的人来说，以义取利无疑是一个值得考虑的选择。这不仅是未来商业发展的主流趋势，更是广大民众所期许的方向。

成功需要坚韧不拔的品质

巴寡妇清：扛起家业的秦朝女强人

在战国那个风云变幻的时代，富甲一方的商界奇才大多是男子。然而，秦国的女商人巴寡妇清却以非凡的才智与胆识，独步商界，成为秦国首屈一指的女富商。她的成就，恰如现代人所言，"女人能顶半边天"，充分展现了女性在商业领域的卓越能力与无限潜力。

《史记集解》："巴，寡妇之邑""清，其名"。她是最早以自己本名记载于正史的女人。这是先秦女性包括秦宣太后、始皇帝生母都没有的荣耀。

清成为商贾巨擘是因为她继承了巨额的家产，再加上她自己善于经营。清主营丹砂，因为在那个年代的秦国，丹砂有着巨大的市场需求。丹砂的用途非常广泛，不仅可以用来制作颜料和水银、用以制作镇静剂，还可以用作"长生不老药"的原料。统一天下之后，秦始皇对长生不老的渴望也使得丹砂的市场需求日益巨大。此外，清还是秦始皇陵寝中水银的主要供应商之一，是当时最大的丹砂矿山业主，所以生意自然是做得风生水起。

话到此处可能有人会想，清的财富大多源自已故的丈夫，并非从零开始积累，那么她的成就又何以令人称道呢？要知道，在那个男尊女卑的年代，清能够凭借自己的智慧与努力稳固家业，更将其发扬光大，这背后无疑蕴含着非凡的能耐与才智。

在那个年代，交通运输极为不便，要将数量庞大的丹砂安全、高效地运往目的地，其难度可想而知。然而，清却以她的远见卓识，成功克服了这一难题。她创新性地采用了多点供给的策略，巧妙利用邻江高地的地理优势，设立多处冶炼点，并在冶炼地与丹砂矿源之间建立起一套高效的原料供给体系。依靠着高效率的生产和合理的运输办法，清成了当时秦国的大富豪，甚至得到了秦王嬴政的赏识。

在秦朝那个时局动荡的年代，作为一位女性，清能把家业做大做强，真是令人由衷钦佩。清的聪慧和胆识在于能够把握市场对丹砂的庞大需求，而且敢于开辟运输新路，从而让自己的商品遍布全国。当泼天的富贵到来时，清用才智接住了。这就是她的过人之处。

清除了经营丹砂之外，还做盐巴生意。据史料记载，清是当时最早的盐商之一。盐是生活的必需品，市场需求量也很巨大。正是丹砂和盐巴成就了清的商业帝国。这告诉我们，正确选择商业领域是积累财富的关键。

除了勤加打理自己的生意，清还乐善好施，有浓厚的爱国情怀。她不仅周济贫苦的人，当国家要修长城抵御外敌的时候，她还捐资修筑。就连当时的秦始皇都连连赞叹她的美德。为了纪念清的善举，秦始皇还下令修筑女怀清台，以表敬意。

据史料记载，清是历史上唯一一个被秦始皇表彰的女性，这足以见得她美好的德行操守。因为在秦朝那个年代，世道纷乱，能够坚守祖业，创出一番业绩且胸怀家国的女性屈指可数。所以，清在秦始皇的眼中是坚贞自守、值得传颂的女性。

从历代中国有名商贾的善行义举中可以发现，有德之人也是有财之人，有财之人心中必有厚德。厚德载物，方能恒久。

心有多大，舞台就有多大

在遥远的古代，巴寡妇清能够突破世人对女性的刻板认知，独立地扛起家业并"开疆辟土"，这是一件非常了不起的事。因此，打破世俗的偏见至关重要，心有多大，人生的舞台就有多大。

巴寡妇清能够想到的、做到的，现代的我们同样有能力去实现。无论身处什么样的岗位，为了实现心中的目标，为了抵达理想之地，我们都应该大大方方地规划自己的未来，用才智、勤劳和胆识来壮大自己的力量，跨越曾经畏惧的高度，让人生再上一个新台阶。

激发心力，不惧困境

在古代，丧夫的女性能够将生意做到极致，实属不易。光有聪明才智是不够的，还需要强大的精神力量和饱满的内心能量来支撑她的商业帝国。强者的强大之处，在于他们的心力强大。在他们眼里，只有一条路是可以选择的，那就是不断成长的路。

当命运的飓风席卷而来时，有人看见绝望的深渊，有人却能在风中辨认出自我觉醒的契机。外在的困境不过是心力的试金石。当世俗眼光化作枷锁，当流言蜚语结成罗网，真正的强者会在静默中积蓄破茧的能量。

修炼心力的过程，本质是不断突破认知边界的旅程。它要求我们以清醒的目光审视恐惧，用理性的思维拆解困局，最终在现实的铜墙铁壁上凿出透光的缝隙。当世人追逐浮华时，心力深厚者正将每个挫折打磨成攀登的阶梯。这种超越性的成长，让生命如同淬火后的精钢，既保有最初的赤诚，又具备应对万变的韧性。

五 以利聚财，以义用财

提起清朝的红顶商人，大多数人都会想到胡雪岩。其实，还有一位丝毫不逊色于胡雪岩的红顶商人，他就是被人称为"钱王"的王炽。

王炽的家境起初并不富裕，他的父亲和兄长很早就去世了。他的母亲变卖了家里值钱的东西，换取了二十两银子，交给了王炽。

王炽拿着这些钱，并没有去找一份安稳的工作，而是做起了买卖。他购进家乡生产的布匹和特产，贩卖到外地。然后再在外地采购红糖等货品在家乡出售。

就这样，没过多长时间，王炽依靠这种小买卖积累到了人生第一桶金。

王炽的野心越来越大，决定扩大生意的规模。于是他开始组织马帮贩卖货物。而那个时候，王炽才不到二十岁。

这里不得不佩服王炽的胆识，十几岁就有"挑大梁"的勇气和魄力，他绝对是做大生意的料。反观这世上多的是家境普通的平凡人，但像王炽这样对生活充满信心的人，少之又少。所以说，要想人生反转，就要撸起袖子大胆干，先做事赚到钱，而后再一步步厘清头绪，在市场中摸索出可行性强的求财之路。

当然，生活中总会有意想不到的插曲。那年，王炽荣归故里，本来是一件大喜事，但是因为与自己的表兄发生口角，造成了表兄的去世。无可奈何之下，王炽离开家乡，一路逃到重庆去了。

来到重庆的王炽看到这里交通方便，人们都很有经商热情，所以就立足在此开了一家"天顺祥"商号，主营四川和云南两地间的买卖。经过数年的经营，"天顺祥"成为西南地区数一数二的大商号。之后，王炽在实业的基础上，又开办了"同庆丰"票号，专门从事存贷款业务。

这时的王炽早已不是那个早年做小买卖发家的毛头小子了，他现在的生意规模日益巨大，根基稳固。于是，王炽决定让自己的产业走出西南地区，走向全国。而王炽也确实做到了，他的生意很快遍布大江南北。

当时，西方列强的入侵让中国的实业和金融业务面临毁灭性的打击。而在这样艰险的情形下，王炽还能将生意做得这么好，实属不易。特别是王炽从事的金融业务，他的票号开到了全国各地，而且各个地方的票号都在开展贷款业务，这让王炽的身家翻倍增长。王炽的名声因此响彻国内，而且还传到了国外。

王炽到重庆后从零开始，打造出一块属于自己的商业版图，可见他高超的赚钱能力。财富和生意都是可以流动的，可以随着人的才智和想法灵活流通。所以，要做财富的主人，去操控生意，而非做生意的奴隶，被金钱捆绑。当我们能够扭转思维，树立正确的金钱观时，就能轻松赚到钱财。

王炽不仅会做生意，还很会做人。当初王炽在重庆还未开票号的时候，新上任的盐茶道台唐炯向各地富商借钱，因为当时的清政府没有钱。只要看到是当官的来借钱，大多富商都不理会。只有王炽将商号抵押，把换来的十万两白银送到道台衙门。

就在大家都以为王炽的钱要打水漂的时候，他却在唐炯的帮助下开办了票号。不仅如此，唐炯还将代办盐运的差事给了王炽。

看到王炽的非凡之举得到了回报，大家都由衷地佩服他。到后来，王炽的钱庄开张时，他根本就不用招揽生意。因为信任他，老百姓都把钱存到了王炽的钱庄。

王炽能够得到百姓的信赖与支持，靠的不单单是自身的名气和实力，还有官方的认可。能够得到官方认可的商人，在信誉方面必然会强出他人许多，自然会被普遍接纳。作为一名商人，既要有踏实的作为，更要有远见和气魄。比别人看得远，才能比别人走得长。

王炽赚大钱后并没有将国家和百姓抛之脑后，他一直在为国家效力，为百姓解忧。那时清朝已风雨飘摇，法国入侵越南，越南向清政府求助。但是清政府连军饷都拿不出来，最后还是王炽拿出六十万两，解决了清政府的困难，就连清军班师回朝的遣散费也是王炽出的。

八国联军侵华之际，慈禧太后与光绪皇帝仓皇逃离京城，王炽挺身而出，其名下商号全力援助清廷。等慈禧太后重返紫禁城后，感念王炽于危难之际的鼎力相助，特赐他一品大员，并恩准其爵位可承袭三代。

即便获得了慈禧太后的奖励，王炽依然不忘百姓。当年西北大旱，颗粒无收，黄河又遇到了断流。王炽二话不说就捐出百万两以解民众燃眉之急。古往今来，世人皆叹赚钱不易，而王炽却独辟蹊径，说："以利聚财，以义用财。"此语旨在启迪世人，欲求财富，必先审视内心对金钱的态度。一个人若树立了正确的金钱观，发家致富自然水到渠成。

做金钱的主人

金钱能够给我们带来百般好处，如物质享受、实现梦想、跨越阶层等。但是，金钱同样也可能将我们推入万丈深渊。只有正确地对待金钱，取之有道，用之有度，才能避免成为金钱的奴隶。

一个不在意金钱的人，往往更容易拥有财富。相反，一个在意金钱的人，可能更容易陷入困窘。这里的"在意"与"不在意"并非指浪费或节俭，而是一种金钱观。就像王炽，他并不将金钱视为唯一追求，而是更注重做买卖的方式、地点选择，以及人情世故与对百姓、国家的贡献。在造福他人的过程中，他的财富反而越来越多。

王炽真正做到了"成为金钱的主人"，他没有迷失在金钱中，而是让金钱发挥出更大的价值。希望我们后世人也能正确看待金钱，秉持"以利聚财，以义用财"的观念来谋取和使用财富。

良好的人脉是隐形的财富

虽然并非所有富豪都完全依赖社交而成功，但大多数成功人士都重视人际关系的价值。换句话说，良好的人际关系往往能为个人发展带来更多的资源和机会。因此，我们要重视人脉的力量。

在职场生活中，很多人不热衷于社交，内心却渴望快速成功。然而，职场成功往往需要通过长期的努力和积累来实现。就像历史上的成功人士王炽一样，他通过投资人情关系来获取更多的财富和机会。因此，我们不妨将经营人际关系视为职场提升的一部分，主动与优秀的人建立联系，因为未来的某一天，这些人可能会成为我们的贵人。

六 以德经商才能长久

乔致庸：行商厚道，财源滚滚

提到晋商，有一位标志性人物是绕不过去的，他就是乔致庸。他不仅是一位将濒临破产的家族商号经营成商业帝国的奇才，更是一位心系天下、以商济世的仁者。乔致庸的故事，是晋商精神的缩影，也是中国商业文明的一座丰碑。

乔致庸出生于晚清时代的一个商贾世家，自幼便沉浸在浓厚的商业氛围中。然而，在他年少的时候，父亲和母亲相继离世，这突如其来的变故让他失去了双亲的庇护，只能依靠兄长生活。乔致庸聪明伶俐，天赋异禀，经常受到私塾老师的称赞。他的兄长对他寄予厚望，希望他能够走科举之路，乔致庸对这样的安排没有异议，他本就不喜欢经商，他的理想，是通过科举走向仕途，成就一番事业。然而，命运似乎并不总是眷顾他。人至中年，家族的生意出现了问题，哥哥因急火攻心而去世。面对困境，乔致庸心中充满了矛盾与纠结。他热爱读书，然而，现实的压力让他不得不放下这份热爱，承担起家族的责任。在悲痛与责任之间，他经历了内心的挣扎与抉择，最终决定临危受命，成了乔家的第四位当家人，肩负起带领家族走出困境的重任。

也许你会以为，乔致庸放弃读书是因为家里的生意能日进斗金。实则刚好相反，那时他接手的生意已经奄奄一息。那么，乔致庸又是怎样扭亏为盈的呢？他依靠的是"以德治企"和诚信经营。

乔致庸是个读书人，成功地将儒家的精神内涵融入到家族企业的管理中，使得雇用的员工都能与他同心协力，共同重振家业。此外，乔致庸勇于开拓，决定涉足他并不熟悉的南方茶叶生意，为乔家开辟了一条全新的贸易通道，使家族生意得以转危为安。随后，乔致庸坚持创新经营模式，并实施了行之有效的激励机制。这一机制的核心是分红制度，具体分为银股分红和身股分红两部分。银股分红要求员工投入一定资金，乔致庸则根据投入金额和商号利润，每三年进行一次分红。而身股分红则无须员工投入资金，乔致庸根据员工的资历和对商号的贡献进行分红。

乔致庸对员工的关怀并非空谈，而是实实在在的。例如，当生意亏损时，所有风险由东家承担，员工无须分担；而当盈利时，员工则能共享成果。对于新入职的员工，尽管他们暂时无法享受分红，但乔致庸仍会提供钱财、衣物和补贴等福利。

这种激励机制极大地激发了员工的积极性，从管理层到普通员工，每个人都积极投入工作，为商铺的生意打拼，因为这同样是为了他们自己的更好生活。

更值得一提的是，乔致庸为了提高员工的工作积极性，不断将股份让渡给员工。有一次，他甚至将商铺利润的一半都分给了员工，这让全体员工都万分感激。令人惊奇的是，尽管乔致庸慷慨分红，但他的利润非但没有减少，反而年年增加。

相比之下，许多现代企业对待员工的态度显得不够真诚。企业应当认识到：员工并不仅仅是赚取利益的工具，而是有血有肉的人，他们有着自己的理想和生活需求，应当被尊重与理解。企业应当像乔致庸那样，真诚地关怀员工，激发他们的积极性，从而让他们创造更加辉煌的业绩。

当企业能把员工当作大家庭里的一分子，且能够给予他们足够的尊重和钱财时，那么这个企业必然能欣欣向荣。要知道，商人逐利虽无可厚非，但如果过于吝啬刻薄，很可能就无生意可做了。

乔致庸的成功还在于他爱惜人才。当他发现身边有人才可用时，就会高薪聘请，奉为座上宾。当年乔致庸聘请阎维藩做大德恒票号总经理，就是他惜才、用才的体现。

阎维藩是乔致庸商业帝国的大功臣，他出生于晚清时期，十七岁就进入山西平遥的蔚长厚票庄做学徒，之后一路晋升到经理。相传，阎维藩曾因为帮助自己的朋友武官恩寿，私自借用了白银16万两，被票庄内部发现，他被处以严厉的责罚。之后过了几年，他的朋友恩寿成了将军，把欠款还清后，阎维藩就辞去职务，回乡另谋高就。

乔致庸听到这个消息后喜不自胜。他发自内心地希望阎维藩能到乔家做事。于是，乔致庸立刻让自己的儿子准备八抬大轿和两班人马，在阎维藩回乡的路上等他，最终把他接到了乔家。

在当时的家族制企业下，上至经理下至伙计都是终身制合约，如果一个人因犯下大错而离职，是很难在另外一家找到工作的。乔致庸并没有嫌弃阎维藩过去私自借债的黑历史，而是夸赞他年轻有为，是个可用之才。就这样，阎维藩被乔致庸聘请为大德恒票号总经理。当然，阎维藩也不负众望，为乔家工作26年，让大德恒的生意越来越好。

从乔致庸破格用阎维藩可以看出，乔致庸是个宽以待人的聪明人。他总能看到他人的可用之处，这是乔致庸为人处世的优点。乔致庸在一个贤能之人走投无路时，能主动递出橄榄枝，这也为他自己带来一次发展新机遇。毕竟阎维藩眼界广，人脉多，他能到乔家工作，同样也能把生意带到乔家。所以说，乔致庸的用人之道能够给当代的创业人士或企业领导一个启示：如果遇到瑕不掩瑜、必成大器之人，可用！

乔致庸旗下复盛西号总是亏损，而一个分店的小掌柜马荀却年年盈利不少。但是由于总店常年亏损害得他自己不能分红，于是他就反馈到乔致庸那里去了。乔致庸见他是个不可多得人才，虽然大字不识一个，但不耽误他做生意，于是破例提拔马荀做了复盛西的大掌柜。最后，马荀用事实证明了自己的真实力，他让复盛西扭亏为盈，年年盈利。

乔致庸不仅是一位经商奇才，也是一位懂得回馈社会的慈善家。每当年景不好或是闹饥荒的时候，乔致庸总是慷慨解囊，捐出粮食赈灾。每年过年的时候，乔家也会拉着整车的米面，发给贫穷的老百姓过年。

乔致庸是晋商的翘楚，也是中国商人的骄傲。他的经商智慧启迪着后世商人，他的善意之举让人看到了古代商人的崇高境界：在商不只言商，更心怀慈悲，关心、体恤、尊重和帮助那些需要帮助的人。

敢舍才有得

所谓舍得，可以理解为敢舍才有得。乔致庸在家业凋零即将衰败之际，以儒商之精神，用仁义之利厚待员工，所以换来了众心齐聚、突破万难的新局面。可见，在某一方面做出牺牲，可以在另一方面获得更大的收益。

在现实工作生活中，我们也许总困于眼前的得失，忽视了长远的发展。不能想透"一分舍予，一分福报"这个道理。有时候，当下的舍弃并不一定能立即得到回报，但只要"舍"得恰当，未来必然会得到相应的收获，只是时间早晚的问题。

因此，如果我们能换个思维看眼前的得失，以今日耕种，来日收获的豁达心态生活，那么未来的人生也必将更加丰富多彩。

强者总能恰当地表达善意

在现代职场中，无论是与领导打交道，还是与同事相处，很多人都会刻意地保持一定的距离，以避免"麻烦"。然而，这样的想法其实有些极端且狭隘。因为，每个人都会遇到困难，我们也不例外。如果我们在日常工作中能够恰当地表达善意，展现仁义之情，那么在遭遇困难时，就更容易得到他人的帮助和支持。

如果乔致庸吝啬刻薄，毫无仁爱之心，他也难以逆风翻盘，名满天下。因此，在商界，我们不必只谈论商业，也可以讲讲仁爱与道义。毕竟，人都是感性的，有情有义的人，自然能够得到众人的支持和喜爱。